앵글 속 지리학 _상

지오포토 100 (1)

앵글 속 지리학 _상

초판 1쇄 발행 | 2011년 12월 15일
초판 2쇄 발행 | 2016년 6월 15일
지은이 | 손일
펴낸이 | 김선기
펴낸곳 | (주)푸른길
출판등록 | 1996년 4월 12일 제16-1292호
주소 | (08377) 서울특별시 구로구 디지털로 33길 48 대륭포스트타워 7차 1008호
전화 | 02-523-2907, 6942-9570~2 팩스 | 02-523-2951
이메일 | purungilbook@naver.com
홈페이지 | www.purungil.co.kr

ISBN 978-89-6291-180-0 04980
ISBN 978-89-6291-179-4 (세트)

* 이 도서의 국립중앙도서관 출판시도서목록(CIP)은 e-CIP홈페이지(http://www.nl.go.kr/ecip)와
국가자료공동목록시스템에서 이용하실 수 있습니다.(제어번호: CIP2011005167)

지오포토 100 ❶

앵글 속 지리학 _상

손 일 글·사진

푸른길

이 책을 내면서

이 책은 〈지오포토 100 : 사진으로 전하는 100가지 지리 이야기〉 시리즈의 시작이다. 출판사 푸른길의 기획으로 시작된 이 사진집 시리즈가 지리학과 사진의 만남이라는 장르에 끝없는 애정을 보내는 이들의 무대이고, 그 결과물들을 보관하고 끄집어내는 공동의 창고이기를 기대하면서, 이 책은 그 첫걸음을 뗀 것이다. 제대로 된 지오포토를 위해서는 공동 작업이 필수적이다. 왜냐하면 지리학의 학문적 관심은 다양하고 무한하지만, 한 개인의 학문적 호기심과 공간적 범위는 기대에 미치지 못하기 때문이다. 또한 지리학적 현장을 사진으로 재현함에 있어 기술적, 물리적, 시간적 한계가 엄연히 존재할 뿐만 아니라, 지오포토가 특별한 검정 절차 없이 교과서나 각종 서적에 무비판적으로 제공되고 있기 때문이다. 즉, 이 시리즈가 지오포토에 대한 비판적, 과학적 검정을 위한 공동의 작업 공간이 되었으면 한다는 말이다.

나는 직업적인 사진가가 아니다. 따라서 『앵글 속 지리학』 상과 하에 실린 사진들의 공간적 범위는 근무처, 연구 주제, 가용 재원 등과 무관하지 않다, 아니 그 한계를 절대로 벗어날 수 없다. 나는 1984년 9월 경상남도 진주 소재 경상대학교 지리교육과의 창설 교수로 부임하여 2003년 12월까지 근무하였고, 2004년 1월부터 현재까지 부산대학교 지리교육과 교수로 재직하고 있다. 결국 이 책에 실린 사진은 부산 · 경남과 그 주변일 수밖에 없다. 하지만 부산 · 경남에는 남한에서 가장 높은 지리산과 커다란 낙동강이 있어 비교적 규모가 큰 지형학적 주제가 펼쳐져 있고, 최근 등산 붐에 편승해 가까이 있는 이산 저산을 오르다 보니 제법 괜찮은 사진들이 모인 것이다. 따라서 2권의 책에 무려 200장의 사진이 수록되어 있지만, 공간적으로 균등하게 분포하지 않음을 우선 밝혀 둔다.

나의 지리학적 관심은 지형학이다. 물론 순수 자연과학으로서의 지형학이 주 대상이지만, 한반도는 인구압이 높은 곳이라 사진을 찍다 보면 그곳에 기대어 사는 사람들의 삶도 앵글 속에 포함될 수밖에 없다. 처음 공부를 시작할 때 학문적 관심사는 하천지형이었으나 현재는 한반도의 산지지형이라, 지도와 대조해 가며 소백산맥과 태백산맥 일대를 30년간 부지런히 휘젓고 다녔다. 또한 학생들의 교육을 위해, 개인의 지적 호기심을 위해, 아니면 각종 조사 사업에 참여한 덕분에, 부산·경남을 벗어나 다른 직업의 사람들이 근무하는 시간에도 산천을 유람하면서 이곳저곳에 카메라를 들이댈 수 있었다. 그 결과 전라도와 충청도를 비롯한 수도권 일대, 그리고 백두산, 울릉도, 제주도와 같이 특수한 지역도 남들에 비해 자주 방문할 수 있었다. 따라서 이 사진집에 실린 사진 중에는 최근 사진도 있지만 10년이 훨씬 지난 사진들도 있다.

나는 보통의 풍경사진가들처럼 영상미를 추구하지는 않는다. 물론 사진이 갖추어야 할 기본적인 것까지 무시한다는 것은 아니지만, 찍기 전에 이미 무엇을 찍을지 정해져 있다는 말이다. 더군다나 그들처럼 한 장의 사진을 얻기 위해 며칠을 한 자리에서 죽치면서 기다리기에는 시간적, 직업적 한계가 있다. 이 책에서 추구하는 지오포토는 대상이 경관이라는 점에서 풍경사진과 마찬가지이지만, 목적이 사실이나 정보의 전달이라는 점에서 보도사진과 일치하는 양면성을 지니고 있다. 하지만 지오포토에는 필수적인 사항이 또 하나 있다. 사진의 주제 대부분은 초중등학교 시절에 학습한 지리학적 개념들이기 때문에, 제대로 된 지오포토라면 특별한 설명 없이도 그것이 어떤 지리학적 개념을 전달하기 위한 사진인지 충분히 감지할 수 있어야 한다. 이 책에 실린 사진 중에서 그렇지 못한 것이 있다면, 그건 전적으로 나의 책임이다.

내가 찍은 사진 대부분은 높은 곳에서 아래를 보면서 찍은 것들이다. 지리학적 현상의 평면적 분포와 패턴 그리고 수직적 입체감을 동시에 얻으려면 높은 곳에서 찍지 않을 수 없다. 조금 어려운 말로 부감경이 필요한데, 일단 고도를 높여야 하는 수고가 절대적으로 필요하다. 중력을 이겨 내야 하기 때문에 어쩌면 이점이 지오포토에서 가장 힘든 과제인지 모른다. 물론 항공기를 이용해 적당한 방향과 시간 그리고 날씨를 선택할 수 있다면 최선의 사진이 될 것이다. 하지만 그것이 가능한 사람이 과연 몇이나 될까? 지리학은 기본적으로 야외과학이고 어깨 너머로 배워야 할 부분이 많은 학문이다. 따라서 누구든지 그 현장을 찾아 관찰할 수 있어야 하고 또한 같은 사진을 찍을 수 있어야 한다는 것이 내가 생각하는 지오포토의 기본이자 또 다른 목표이기도 하다. 좀 거창하게 이야기하자면 지오포토도 학자들이 하는 것이라 재현 가능해야 한다는 것이다.

나는 20대 초반이나 지금이나 야외에 나갈 때면 습관적으로 사진기를 챙긴다. 하지만 언젠가는 이런 유의 사진집을 내야지 하는 마음을 먹고 사진을 찍기 시작한 것은 극히 최근의 일이다. 30년 후를 예상하고 초임 교수 시절부터 사진을 찍었다면 아마 이 책은 더 많은, 더 훌륭한 사진들로 채워졌을 것이다. 하지만 한 치 앞도 내다보지 못하는 것이 인생인데, 어떻게 30년 후의 작업까지 예측할 수 있었겠는가? 게다가 언제 찍고, 무엇을 찍고, 어떻게 찍고를 이해하는 데 너무 많은 시간이 흘렀고, 그 세월만큼이나 사진에 대한 눈높이도 높아져 얼마 전까지 캐비닛을 가득 채웠던 그 많은 슬라이드는 몇 장을 제외하고는 거의 무용지물이 되고 말았다. 솔직히 말하면 사진을 버리는 것을 배우는 데 더 많은 시간이 필요했던 것 같다. 동료들이나 학생들과 사진 이야기를 할 때면 늘 강조하는 말이 있다. 사진을 찍은 후 정리하지 않으려면 아예 찍지도 말라고. 머리나 책장이나 서랍이나 캐비닛이나, 최근에는 하드디스크까지, 쓰레기로 가득 차 있으면 새로운 것을 담을 수 없기 때문이다.

마지막으로 카메라 이야기를 해야겠다. 여기에 실린 사진들은 다양한 사진기로 찍은 것들이다. 캐논 G9과 같은 똑딱이 카메라에서부터 니콘F3, 니콘90N, 마미아7Ⅱ, 펜탁스67, 노블렉스, 호스만612, 캐논5D MarkⅡ에 이르기까지 다양하다. 최근에는 펜탁스 645D까지 구입했으니, 나의 카메라 편력도 만만하지 않다. 가까운 동료 한 분은 내 사진을 볼 때마다 그 사진기로 이 정도 밖에 못 찍는다면 말도 안된다고 핀잔 아닌 핀잔도 준다. 그럴 때마다 사진기 빌려 줄 테니 한번 다녀오라고 권하기도 한다. 이처럼 사진기를 많이 바꾼 것에 대해 변명 아닌 변명이 필요할 것 같다. 크게 두 가지 이유인데, 하나는 한 장의 사진에 주제와 그것의 환경이 되는 배경을 모두 담으려는 지리학자로서의 욕심이고, 다른 하나는 색상의 단조로움을 극복하기 위한 어쩔 수 없는 선택이었다.

풍경사진과 마찬가지로 지오포토에서 초보자들이 흔히 범하는 실수는 가능한 한 화각을 넓히려는 것이다. 요즘이야 디지털로 연이어 찍은 후 포토샵으로 합성하면 되지만, 그전에는 광각렌즈가 필수였다. 아마

예천의 회룡포를 찍을 때 표준렌즈의 좌절감은 대부분의 사람들이 경험한 바일 것이다. 나 역시 예외는 아니어서, 무조건 많이 담으려는 의도로 광각렌즈를 선택했으나, 주제가 극도로 작아지고 불필요한 배경이 덕지덕지 불어나는 것에 손을 들고 말았다. 결국 파노라마카메라까지 구입하게 되었다. 하지만 그것이 모든 것을 해결하지 못한다는 것을 깨닫게 될 때까지는 많은 시간이 필요했다. 한편 '초록이 동색이다' 라는 말이 있다. 물론 여기에 적용될 이야기는 아니지만, 풍경사진에서 다양한 초록색을 살리지 못한다면 그 사진은 무미건조해진다. 특히 우리처럼 풍경의 색상이 극도로 단순한 경우, 초록색과 갈색의 다양한 색감을 표현하지 못한다면 사진 자체로서 가치가 떨어지고 만다. 판형이 깡패라는 말이 있듯이, 결국 중형 카메라를 선택하지 않을 수 없었던 것이다.

　　마지막까지 필름카메라로 버티려고 했지만, 편리성, 기동성, 다양성이라는 디지털카메라의 강점 앞에 무릎을 꿇고 말았다. 최근에 꽤 많은 돈을 주고 산 보급형 중형 디지털카메라인 펜탁스645D 마저도 아직은 중형 필름카메라의 해상도나 색감을 따라오지 못한다는 것이 현재 내 판단이다. 금전적 한계가 큰 이유이지만, 이제 더 이상 카메라를 바꿀 생각이 없다. 아니 그간의 경험으로 볼 때 지오포토를 위한 답사용 카메라로서 아직도 마미아7Ⅱ의 화질과 기동성을 따라 올 만한 카메라가 없기 때문인지도 모르겠다. 중고로 팔지 못한 몇몇 카메라를 제외하고는 모든 카메라를 정리했고, 이제 마미아7Ⅱ와 펜탁스645D를 가지고 지리학 교수로서 마지막 남은 세월을 낚을 생각이다. 참 최근에 보조 카메라로는 VF-3라는 파인더를 별도로 붙인 올림푸스XZ-1을 쓰고 있다. 물론 아내는 모른다. 보조 파인더를 사용하는 이유는 주로 순광에 사진을 찍기 때문에 액정화면에 햇빛이 비치면 영상이 잘 보이지 않기 때문이며, 또한 오랜 야외 활동 때문인지 모르겠으나 벌써 황반변성이 왔기 때문이다. 요즘은 렌즈에 도수가 첨가된 오클리 스포츠고글을 늘 끼고 다닌다.

　　이제 고맙다는 이야기를 할 차례이다. 대부분의 지리학 교수들은 자신의 강의 주제를 가능하면 사진으로 보여 줘야 한다는 부담을 느끼고 있다. 아마 대상이 경관이라는 이유도 있겠지만, 그러지 않으면 학생들이 제대로 이해하지 못할 것이라는 강박관념 때문인 것 같다. 그래서 대부분의 지리학 교수들이 사진을 찍고, 그것들을 어떻게든 보관하고 정리해서 강의에 사용하고 있다. 디지털의 경우 아무리 용량이 많아도 대용량 하드디스크에 보관하면 되지만, 과거 필름으로 찍은 것들은 대부분 캐비닛에 분류도 안 된 채 먼지를 잔뜩 뒤집어쓰고 있는 게 보통이다. 한번은 갑자기 타개하신 어느 노 교수의 연구실을 대신 정리하다가 캐비닛을 가득 채우고 있던 슬라이드 필름을 발견하고 모두를 쓰레기통에 버린 기억이 있다. 대부분의 퇴직 교수들이나 제법 연수가 오래된 현역 교수들도 사정은 별반 다르지 않을 것이며, 나 역시 그런 전철을 밟을 수밖에 없는 상황이었다.

하지만 푸른길 김선기 사장님의 재촉과 권유 그리고 협박에 못 이겨, 아니 못 이기는 척 하면서, 창고 속, 서랍 속, 책장 속 파일들을 뒤지기 시작했다. 그 결과 제법 많은 사진들이 수중에 들어오기 시작했고, 마침내 이처럼 두 권의 책으로 묶여지게 되었다. 평범한 사진들도 여러 사람들이 좋다고 격려를 해 주니 갑자기 빛을 발하기 시작했으며, 마지막에는 정해진 200장에 몇 장이 모자라 급하게 산을 오르기도 했다. 영원히 햇빛을 못 볼 뻔 했던 녀석들이 이제 세상 밖에 소개될 것을 생각하니, 한편으로 뿌듯하고 또 한편으로는 두렵기만 하다. 김선기 사장님과 편집이사님 그리고 자질구레한 일 마다하지 않은 이선주 양, 그들이 있었기에 이나마 모양을 갖출 수 있었다. 하지만 이러한 유의 사진집이 성공할 확률은 거의 없다. 더군다나 초보 아마추어 사진가의 사진집이야 오죽 하겠는가? 어려운 출판 환경에도 저자를 격려하면서 악착같이 지리학 책만 찍어대는 여 사장님의 속내를 알다가도 모르겠다. 제발 본전이라도 건져야 하는데, 또 다시 출판사 적자에 이바지하는 것이 아닐까 두렵기만 하다.

이제 마지막으로 고맙다는 인사를 할 사람들이 있다. 이런 일을 하지면 돈, 시간, 건강 그리고 열정이 필요하지만 그보다 더 중요한, 아니 결정적인 것은 아내를 비롯한 가족들의 이해와 협력 그리고 사랑이다. 제 좋아서 집 비우고 돈 쓰고 돌아다니는 것이야 제 팔자거니 생각하면 되지만, 그것을 지켜봐야 하는 가족의 심정은 과연 어떠했을까? 하긴 그걸 생각했다면 30년 가까운 세월을 장돌뱅이처럼 돌아다니지 않았겠지만. 결혼하면서 어찌어찌 집을 장만했다. 하지만 현재 내 재산이라고는 모두 팔아 1천만 원도 안 되는 중고 자동차 2대와 대명리조트 17평형 회원권이 전부이다. 공무원으로서 무려 28년째 근무하고 있는데도 형편이 도무지 나아지지 않는다. 늘 미안하다. 가계에 별 도움이 안 되겠지만, 이번만은 이 책의 모든 권리를 아내에게 바치고 싶다. 물론 별로 반가워할 것 같지 않지만. 덧붙여 강철 체력은 아니지만 장거리 운전과 산행에도 비교적 회복이 빠른 건강을 물려주신 부모님께 감사드린다.

아무래도 이런 유의 책이 잘 팔릴 것 같지는 않다. 하지만 유홍준 교수 책처럼 잘 팔렸으면 좋겠다. 유명 일간지에 이 책과 함께 저자를 소개하는 박스 기사가 났으면 좋겠고, 이 달의 책 저자라면서 TV 인터뷰도 했으면 좋겠고, KBS 아침마당에도 나가 이금희 아나운서로부터 "다음 지오포토의 주제는 무엇이냐?"는 질문도 받았으면 좋겠다. 이 모두 발칙한 상상에 지나지 않겠지만, 책이 나오기 전까지 무슨 꿈을 꾼들 어떠랴? 세상에 피해를 주지 않으니 꿈속에서라도 고대광실과 같은 집들을 마구 지어 본다.

2011년 11월 22일
금정산 자락에서

포토그라피, 지오그라피, 그리고 카토그라피
photography   geography   cartography

이 책의 시리즈명으로 사용된 '지오포토'는 지오그라피와 포토그라피의 합성어이다. 지오그라피와 포토그라피는 우리에게 비교적 친숙한 단어인데, 지오그라피는 '지리' 혹은 '지리학', 포토그라피는 '사진' 혹은 '사진학'으로, 하나의 단어가 학문 혹은 그 대상에 대해 같이 사용된다. 따라서 지오포토는 굳이 우리말로 표현하자면 지리사진이 되지만 지리학을 전공하는 사람인 나마저 어색하니 더 적당한 말이 나오기까지 그냥 지오포토를 계속 사용할까 한다. 그렇다고 지오포토를 정의하지 않고 그냥 넘어갈 수는 없다. 지오포토는 글자 그대로 '지리학적 콘텐츠를 담은 사진' 정도로 정의해 볼 수 있지만, 이걸로는 뭔가 조금 부족하다. 그 개념을 좀 더 명확하게 하기 위해 미국 대통령 에이브러햄 링컨의 연설문에서 아이디어를 얻어, photography by geography, for geography, of geography라고 정의하면 어떨까? 즉, 지오포토란 지리학자가by 지리학적 소통을 위해for 지리학적 콘텐츠of를 담은 사진이라고.

사진이 회화, 지도에 이어 지리학의 시각화를 위한 제3의 도구로 등장한 것은 그리 오래되지 않는다. 사진 그 자체의 역사가 일천한 것이 그 주된 이유일 것이다. 실제로 프랑스의 무대 디자이너인 다게르Daguerre와 영국의 아마추어 미술가인 탈봇Talbot이 우연히도 같은 해에 각각 자연으로부터 이미지를 직접 담아 내는 도구, 다시 말해 사진의 원리를 발표한 것이 1839년의 일이기 때문이다. 하지만 도시화와 산업화 그리고 식민 제국주의라는 19세기의 시대적 상황에 발맞추어, 국내뿐만 아니라 외국의 각종 자료를 수집, 분류, 통제하는 도구로서 사진의 위력은 상상 그 이상이었다. 즉, 기선, 철도, 전신이 세상을 물리적으로 가깝게 만들었다면, 사진은 시각적으로 그리고 개념적으로 세상을 더욱 가깝게 만들었던 것이다. 그 후 사진의 예술성에 관한 논쟁, 시각과 근대성에 관한 논쟁, 디지털화에 의한 급격한 기술적 진보 등, 쉽지 않은 여정을 거쳐 오늘에 이르렀지만, 사진은 여전히 사람들이 세상과 관계를 맺는 강력한 도구임에 틀림없다. Schwartz and Ryan(2009)의 말을 빌자면, 우리는 사진을 통해, 보고, 기억하고, 상상하면서, 장소를 그려나간다.

포토그라피와 지오그라피의 관계를 이해하는 한 가지 매개로서 지리학적 상상력이라는 개념을 도입해 보고자 한다. 지리학적 상상력, 아주 매력적인 용어임에도 불구하고, 문화적, 사회적 함의 속에서 이를 이해하는 일은 쉽지 않다. 우선 이 분야의 대가인 D. Harvey(1990)의 말을 빌어 이야기를 전개해 보면, 그에게 지리학적 상상력이란 공간, 장소, 경관의 정치적, 사회적, 문화적 의미를 바탕으로 삶을 구성하고 이에 의미를 부여하는 정신적 행위를 말한다. 또한 사람들은 이를 통해 공간을 창조적으로 꾸미거나 사용하고, 다른 이들이 만들어 놓은 공간의 형태에 대해 그 의미를 재평가한다. 좀 더 쉽게 이야기하자면, 사람들이 세계를 이해하고 스스로를 시공간 속에 자리매김하는 메커니즘, 즉 세상을 읽는 또 다른 눈으로 해석할 수 있다. 학문 세계에서 지리학적 상상력은, 지리정보를 수집하고, 지리학적 사실에 질서를 부여하고, 이들을 상상력이 풍부한 지리학으로 구성해나가는 일련의 과정이나 행위로 이어지는데, 이러한 행위 중의 하나가 바로 사진이라고 한다면 지나친 비약일까?

물론 이렇게 정의한다 하더라도 이 정의를 학문적으로 담보할만한 근거는 빈약하다. 왜냐하면, 국내뿐만 아니라 외국의 경우에도 지리학과 사진과의 관계에 관해 명확한 이론화를 시도한 적이 거의 없기 때문이다. 이럴 경우 인접 분야에서 아이디어를 차용해 논의를 이어나갈 수 있는데, 카토그라피와 지오그라피와의 관계, 즉 지리학에서 지도의 역할에 관한 이론이 그것이다. 지도학은 지도제작 이론과 지도발달사를 포괄하는 독립된 학문 분야로 그 특성상 지리학과 밀접한 관계를 유지하면서 발전해 왔다. 하지만 지도의 역할과 기능에 대한 본격적인 논의는 1960년대 들어 비로소 시작되었는데, 그것이 바로 커뮤니케이션 이론이다. 그러나 커뮤니케이션 이론에서는 지도의 역할을 지리학적 커뮤니케이션의 도구로 한정시켜 지도의 기능성만 강조한 나머지, 그 이후 등장한 컴퓨터, GIS, 원격탐사 등에 의한 대용량 지리정보, 과학적 시각화 등 새로운 지도학 환경에서 요구되는 지도의 역할을 성공적으로 수행하기에는 역부족이었다.

최근 과학적 시각화를 위한 도구로서 지도의 기능이 새로이 강조되면서, 지리적 시각화라는 개념이 대두되고 있다. 컴퓨터 그래픽을 기본 도구로 사용하여, 공간적 패턴, 관계, 특이 현상 등을 확인하여 새로운 과학적 시각을 얻고, 이를 통해 새로운 시각에서 문제를 재구성하는 것이 지리적 시각화의 목적이다. 따라서 지도란 분석된 결과만을 전달하는 도구가 아니라 분석의 이전 단계인 자료의 검색, 가설의 설정, 자료의 분석에 이르기까지 다양하게 이용될 수 있다는 주장이다. 결국 지도를 통한 지리적 시각화는 지도학의 새로운 관점이 아니라, 어쩌면 커뮤니케이션 이론의 도입으로 서로 다른 길을 걸

어 왔던 지도학자와 지리학자들이 지리적 시각화를 통해 두 학문 간에 연계를 새로이 재정립하는 계기가 될 것으로 생각된다. 이처럼 지리학에서 지도의 역할은 긴 세월 동안 무수한 논의를 거쳐 구체화된 것이라, 사진에 대해서도 지도의 경우와 같은 정교한 틀을 당장 요구하는 것은 무리이다. 지리적 시각화의 도구로서 사진에 대한 논의는 이제 시작에 불과하며, 이 사진집이나 여기에 실린 이 글 역시 이러한 노력의 일환이라 생각한다. 왜냐하면 사진은 지리학적 소통을 위한 도구로서 지도와는 또 다른 매력과 가능성을 지녔다고 확신하기 때문이다.

포토그라피, 카토그라피, 지오그라피, 이 세 단어 모두 '기술하다' 혹은 '나타내다' 등을 의미하는 '그라피graphy' 라는 접미어를 달고 있어, 세 분야 모두 '무언가 보여 주려는' 본능이 잠재하고 있다고 볼 수 있다. 좀 어렵게 표현하자면 이들 분야는 시각화와 태생적 연관성을 갖고 있음을 알 수 있다. 'graphy' 가 붙은 또 다른 단어로는 caligraphy서예, orthography철자법, oceanography해양학 등이 있는데, 이들 역시 무언가를 시각적으로 보여 주려는 분야임에 틀림없다. 그렇다면 사진, 지도, 지리, 이들이 보여 주려는 것은 무엇일까? 그것은 다름 아닌 바로 우리들의 세상인데, 그것이 물리적 세계일 수도 있고, 인간이 활동하고 있는 현장 속의 삶일 수도 있다. 관심을 갖는 공간의 크기는 작은 촌락에서 대도시, 국가, 대륙, 전 지구까지 다양하며, 아무리 좁은 공간이라 하더라도 그곳에 담긴 모든 것을 보여 줄 수 없다는 한계도 지니고 있다. 한편 일반인들은 사진이나 지도의 정확성, 사실성, 과학성 등에 무한한 신뢰를 보내지만, 이들이 늘 객관적이지도 과학적인 것도 아니다. 왜냐하면 이 역시 사람이 하는 일이라, 무엇을, 어떻게 보여 줄지를 결정하는 '선택의 주관성'이 상존하기 때문이다. 또한 사진, 지도, 지리가 지닌 매체로서의 물리적 한계 역시 염두에 두어야 한다.

우리는 복잡한 세상을 설명하기보여 주기 위한 도구로 모형을 이용하기도 하고, 구조화된 이론을 내세우기도 한다. 이때 일반화, 추상화의 정도가 높아질수록 실제는 사라지고 그 구조만 남는데, 이러한 원리는 세상을 보여주는 매체인 사진, 지도, 지리에도 똑같이 적용될 수 있다. 추상화, 일반화의 정도가 낮은 것부터 늘어놓는다면, 아마 사진, 지도, 지리의 순이 될 것이다. 하지만 사진의 경우 공간에 관한 추상화와 일반화의 정도, 개념화와 법칙화의 정도가 낮다는 것은 어쩌면 하나의 장점이 될 수도 있다. 고담준론을 거친 거대 이론화에 실패했고 더군다나 각종 미디어 정보의 홍수 속에서 지리정보의 위상 정립마저 실패한 지리학에게, 현장성과 사실성이 담보되는 사진이야말로 지리학의 대중성 확보를 위한 하나의 가능성으로 제시될 수 있지 않을까? 이것이 바로 지리학에서 사진의 가치를 새로이 찾으려는 이유이기도 하며, 개인적으로 이러한 사진집을 위해 긴 세월의 수고를 마다하지 않는 이유이기도 하다.

　　본격적으로 지리학과 사진과의 관계를 살펴보기 전에 사진 그 자체에 대한 이해가 선행되어야 할 것이다. 앞서 이야기했듯이 사진이 등장한 지 150년이 훨씬 더 지난 현재, 예술로서의 사진, 시각과 근대성과의 관계에서 사진의 역할 등 끝없는 그리고 해결될 수 없는 논쟁에도 불구하고, 또한 이미지 기술의 엄청난 발전에도 불구하고, 사진은 여전히 주변 세계와 소통하는 강력한 도구임에 분명하다. 시대 변화와 함께 사진에 관해 두 가지 생각이 공존하고 있음을 발견할 수 있다. 그 하나는 사실주의와 진실성에 관한 믿음이다. 시대와 순간의 현장으로서 사진은, 그 목적이 포괄적 지식의 추구이든, 식민 행정부의 임무이든, 사실을 수집하고 분류하고 규제하려는 19세기의 열정이나 경험주의에 잘 어울리는 아주 이상적인 도구였다. 또 다른 하나는 사진 역시 선택이 요구되는 도구이므로 주관성을 배제할 수 없다는 사실이다. 사진이란 시각적 이미지이고 역사적 문건이며 장소에 대한 선택적 결과물인데, 마찬가지로 사진을 찍는 행위 역시 사회적으로 구조화되고 문화적으로 구성된, 역사적 상황 속의 작업인 것이다. 최근 들어 인문사회과학에서는 그 관심이 문화적인 것에서 시각적인 것으로 바뀌고 있다고 하는데, 이것 역시 디지털 기술의 발달과 더불어 가장 근대적 시각 도구인 사진에 대한 관심이 증가한 데 그 이유가 있다. 또한 이전과 달리 사진기와 사진을 언제든지 손에 넣을 수 있고 조작 역시 간편해, 이제 그것들이 전문가의 영역에서 완전히 벗어나게 된 것도 한몫을 하였다.

　　지리학자들은 시각적 도구로서 사진의 가치와 유용성에 대해 오래 전부터 인지해 왔는데, 만약 그렇지 않다면 오히려 이상한 일이다. 다음의 몇몇 지리학자들의 언급은 이와 같은 사실을 더욱 뒷받침해 준다.

다나카 가오루(田中 薰, 1960)

"지리학만큼, 카메라를 중요하게 이용하는 학문 분야는 없다."

스탬프 (D. Stamp, 1960)

"사진은 교육의 장에서 인쇄된 문자로는 전달할 수 없는 것을 가르치기 위한 자료다."

이-푸 투안(Li-Fu Tuan, 1979)

"시각적 매체는 무엇보다도 지리학에서 그 진가를 인정받을 수 있다."

"슬라이드를 사용하지 않는 강의는, 유해 없이 진행하는 해부학 강의만큼이나 이례적이다."

여기서는 주로 지리교육과 관련된 사진의 유용성에 천착하고 있다. 지리학에서 사진의 역할을 보다 확장하고 구체화하여 하나의 사진 장르로 발전시킨 이가 바로 이시이 미노루石井 實이다. 그는 『寫眞・工業地理學入門』(2005)에서 "지오포토지리사진란 학술사진의 일부로, 지리학의 연구나 교육을 위해 사용되는 사진을 말한다. 지리적으로 의미가 있는 사상이나 장소의 파악, 또는 지표 현상의 분석에 이용되기도 하고, 그것을 전달하는 수단이 되기도 한다"라고 밝히고 있다. 여기서 우리는 그가 사진의 역할을 커뮤니케이션의 도구에 한정시키지 않고, 지리적 시각화를 위한 도구로까지 사진의 위상을 확대하고 있음을 알 수 있다.

피에르 구루(2010)는 지리학자들의 관심을 다음 네 가지로 구분한 바 있다. 첫째, 왜 경관은 지금의 모습을 하고 있는가? 둘째, 그것은 다른 모습으로 존재할 수 없는가? 셋째, 앞으로 우리는 상이한 물리적 조건 속에서 유사한 인간적 경관을, 또는 유사한 물리적 조건 속에서 다양한 경관의 변화를 보게 될 것이다. 넷째, 경관의 중대한 전환을 초래하는 역행도 보게 될 것이다. 이 네 가지는 현재 삶의 다양한 모습과 그 원인을 '보려는' 지리학자 공통의 관심사일 것이다. 지리학자는 해법이 존재한다고 주장하는 특정 학설을 통해서가 아니라, 풍부한 질문을 통해서 세계를 이해하려 한다. 그 결과는 운이 좋아 하나의 개념어로 표현될 경우도 있지만 개념화까지는 아니더라도 분명히 실재하는 그 무엇을 담는 그릇의 하나로 사진을 상정한다면, 이것이 지금까지 논의해 온 지오포토의 실체가 아닐까 한다. 지오포토라 해서 특별한 사진은 아니다. 더군다나 사진을 잘 찍기 위한 여러 가지 원리나 원칙을 벗어나서도 안 된다. 다만 풍경사진과 마찬가지의 소재를 찍었다고 해도, 사진의 정보, 더 엄밀히 말해 지리학적 정보의 전달에 더 중점을 두는 사진을 말한다. 즉, 지리학자에 의해 인지된 지리학적 개념을 재현하고 있거나, 아니면 그것을 반증하는 사진이라는 점에서 지오포토는 일반적인 풍경사진과는 차별성을 지닌다.

한편 지리학적 개념이라 할 때 그것이 아주 거창한 내용인 것은 아니다. 초등학교 사회 시간에 배운 개념들은 중학교, 고등학교, 대학교를 거치면서 사족이 붙고 개념과 개념 간에 관계를 찾으려다 보니 복잡하게 보일 수 있으나 그 개념 자체가 바뀌지는 않는다. 지오포토에서 관심을 갖는 지리학적 개념은 실제로 지표경관을 구성하고 있는 다양한 경관 요소들이 보여 주는 독특한 위상이나 배열을 말한다. 따라서 의미 있는 지오포토를 만들기 위해서는 특징적인 기복 차, 형상, 색상, 규칙성, 반복성, 크기, 패턴 등등 정성적 시각 변수에 관심을 가져야 한다. 그 결과 더 이상의 설명 없이도 사진만으로 그것이 어떤 지리학적 개념을 말하려는지 알 수 있는 사진이 바로 지오포토에서 추구하는 궁극적인 목표가 될 수 있다. 예를 들어 낙동강 삼각주 사진을 보여 주고는 무엇이냐고 물었을 때, 아무런 배경 설명 없이도 '삼각주'라는 대답이 나올 수 있는 사진이어야 한다는 말이다. 물론 처음 그 개념을 배울 때 최고의 지오포토를 접하지 못했다면, 사진 속의 삼각주를 자신의 인식 속에 남아 있는 프로토타입과 유사한 범주로 인식하지 못할 수 있다. 따라서 제대로 된 지오포토는 지리학적 상상력을 위해 필수적이며, 그런 사진을 확보하지 못했다면 오히려 지리학적 정보의 전달에 방해가 될 수 있다. 결국 서두에서 미리 나온 감이 있었지만, 지오포토란 지리학자가by 지리학적 소통을 위해for 지리학적 콘텐츠of를 담은 사진이라는 정의는 지금까지의 논의에서 나름의 유용성을 담보하고 있다고 볼 수 있다.

우리는 지리학적 개념을 담기 위해 사진을 찍지만, 당시의 그 느낌은 온 데 간 데 없고 무미건조한 사진만 남아 허탈해 하거나, 자신의 사진 솜씨 혹은 사진기를 탓하는 경우가 종종 있다. 이는 일차적으로 우리의 시각과 사진과의 차이에서 비롯된 것이다. 우리의 눈은 매력을 느끼는 요소들만 선택적으로 관심을 가진다. 다시 말해 다양한 자연 요소들이 복합적으로 나열되어 있는 경관 속에서 지리학적 개념에만 주목하고 그 주변의 여러 요소들에 대해서는 무시해버린다. 사진은 자신이 담을 수 있는 모든 것을 담는다는 점에서 선택적 시각과는 차원이 다르다. 또한 사진은 2차원적인 표현이기 때문에 실제 세계에 대해 사진을 찍으면 3차원적 요소 중 하나가 자동적으로 제거된다. 더군다나 현장이 지니고 있는 다른 감각소리, 냄새, 맛 등적 요소도 함께 사라져 버려 현장감이 제대로 전달될 수 없다. 따라서 지오포토를 위해서는 지리학적 개념을 보완할 수 있는 사진적 요소뿐만 아니라 사라져버린 감각들을 환기시킬 수 있는 또 다른 자연 해석이 요구된다. 논의가 계속될수록 점점 더 미궁으로 빠져드는 느낌이지만, 그렇다고 포기할 수 없는 문제이다. 왜냐하면 지리학의 미래가 늘 열려 있는 것도 아니며, 현재 사진만한 대안도 쉽게 찾을 수 없기 때문이다.

시각의 선택성이 피할 수 없는 것이라며, 선택적 사진 촬영은 이에 대처하는 또 다른 해법이 될 수 있다. 촬영에 즈음해서 어떻게 찍을까 하는 선택적 행위를 이시이 미노루(2005)는 "지리 풍경의 잘라내는 작업"이라 했는데, 이러는 과정을 통해 지리학적으로 의미가 있다고 생각되는 사물, 혹은 대상만을 선택하게 된다.

물론 여기서 그쳐서는 곤란하다. 사진 프레임 속의 무엇이 지리학적이냐는 질문이 다시금 요구된다. 왜냐하면 실제 사진 속에 촬영자가 의도했던 지리적 개념이 제대로 드러났는가를 상호 확인하는 피드백 과정이 요구되기 때문이다. 실제로 지오포토를 찍는 지리학자들은 제대로 된 사진에 대해 늘 부담을 갖고 있는데, 찍은 사진이 항상 마음에 들지 않는 첫 번째 이유는 프레임 속에 가능한 한 많은 것을 담으려는 욕심 때문이다. 물론 주제는 담아야 한다. 하지만 주제를 설명할 것이라 예상했던 각종 부제들이 모두 사진에 담긴다면 주제는 점점 작아지고 부제들이 곳곳에 나열되어 사진의 정보 전달력은 줄어들고 만다. 지오포토도 다른 사진과 마찬가지로 광활하게 펼쳐진 공간에서 한 부분만을 절취하는 것이다. 이는 고개를 돌려 좌우, 상하를 둘러보면서 인상적인 내용만 선택적으로 바라보는 인간의 시각 행위와는 완전히 다르다. 따라서 사진 촬영의 첫 단계는 적절한 위치를 찾아 프레임 속으로 어디서 어디까지를 포함시킬 것인가를 결정하는 것으로, 이 과정의 성공 여부에 따라 지오포토로서의 가치가 결정된다. 이렇듯 지리학자에게 사진과 사진기는 좋은 수단이자 동반자이지만, 동시에 부담스런 업보이자 감시자이기도 한 것이다.

누군가가 선택적 사진 촬영 과정을 뺄셈의 법칙으로 설명하는 것은 읽은 적이 있다. 그림은 백지 위에 구성 요소를 하나하나 더해 나가는 작업이지만 사진은 프레임 속에 불필요한 부분을 제외시키는 작업으로, 구성 요소가 적을수록 사진의 이미지는 강력해진다. 따라서 지오포토에서는 주제만이 한가운데 부각된 사진도 무방하며, 부제는 미학적, 예술적, 형식적 측면에서 주제나 프레임 전체를 안정감 있고 밀도 있게 만들어 주는 정도를 넘어서는 곤란하다. 눈앞에 펼쳐진 드넓은 풍경을 잔가지 치듯이 뺄셈 법칙으로 복잡한 화면을 정리하면서 사진에 담을 요소를 선택한다. 하지만 이것만으로는 부족하다. 이제 덧셈의 법칙으로 들어간다. 즉, 풍경의 밋밋한 평면 구도에서 벗어나 원근감 및 사진의 생동감을 위해 더 좋은 촬영 포인트를 찾아야만 한다. 결국 좋은 지오포토의 기본은 지리학자가 지리학적 개념을 사진 속에 정확하게 담는 것이다. 게다가 보기 좋은 떡이 먹기에도 좋다고, 프레임 속에서 주제와 부제가 만들어 내는 대비, 조화, 안정, 균형 역시 포기할 수 없는 사진 매체의 속성이다.

한편 지오포토는 포토저널리즘의 입장에서 보도사진과 유사한 측면이 있다. 보도사진처럼 한눈에 즉각적으로 감동과 공감을 불러일으킬 수 있는 사진이라면, 그 사진은 오래도록 잔상에 남고 스스로 혹은 교육적 목적을 위해 그 현장에 가보려는 강한 욕구를 불러일으킨다. 지오포토라 해도 일반적인 사진에서 요구하는 최소한의 요구는 반드시 따라야 한다. 정확한 초점, 적절한 노출, 균형 잡힌 구도, 분명한 주제 등등. 하지만 지오포토는 일반사진, 그중에서 풍경사진과는 그 괘를 달리한다. 가장 분명한 차이점은 사진이 담고 있  는 메시지이다. 풍경사진이라고 영상미, 즉 아름다움만을 추구하는 것은 아니다. 풍경사진작가는 절묘한 순간에 포착한 빛, 색상을 통해 자연의 아름다움을 추출해내고 그를 통해 자신만의 메시지를 사진 관객 에게 전하려 한다. 이때 그 메시지가 사진에서 확연하게 드러나 사진을 보는 누구든지 알 수 있어도 좋지 만, 그 메시지를 추상화시켜 모호하게 표현하더라도 상관이 없다. 하지만 지오포토는 그 메시지가 분명해야 하고, 가능하다면 누구든지 즉석에서 동일하게 인식할 수 있어야 한다. 다시 말해 무엇을 말하려는지 명확하 고 직설적으로 표현해야 한다는 것이다. 따라서 지오포토는 형식적 측면에서 사진의 기본을 따르고 있지만 예술성이 강조되어 해석이 달라질 수 있는 요인들을 가급적 배제해야 한다.

지리학과 사진에 대해 이렇게 길게 이야기를 끌고 왔지만 결국 손가락 사이로 모래가 빠져나가듯 아무 것도 건지지 못한 채 글을 맺어야 할 단계에 이르렀다. 마지막으로 좋은 지오포토를 위한 두 가지 제안으로 글 을 마감하려 한다. 첫째는 지오포토 역시 결국 지리학자들의 몫이라는 사실이다. 작금의 시대는 영상물의 홍 수 속에 떠다닌다고 해도 과언이 아니다. 세계적인 사진가들의 영상이 인터넷을 타고 전 세계적으로 실시간 에 유통되고 있는 것이 현실이다. 하지만 이 모두를 지리학적 소통을 위한 사진으로 이용할 수 없는데, 왜냐하 면 이들 사진이 지리학적 개념을 전제로 촬영한 사진이 결코 아니기 때문이다. 그렇다고 지리학자들이 무턱 대고 찍는다고 모든 게 해결되지는 않는다. 수준 높은 사진에 길들여진 소비자들은 아무리 지오포토라 해도 아름답지 않은 사진은 쳐다보지도 않다는 사실을 명심해야 할 것이다. 둘째는 지오포토를 관리하는 시스템이 필요하다는 사실이다. 각종 지리 교과서에는 출처가 불분명한 사진에서부터 그것이 무엇을 의미하는지 모를 모호한 사진까지 아무런 검정 시스템 없이 게재되고 있는 것이 현실이다. 이러한 사진들은 지리학의 학문적, 대중적 소통에 오히려 방해가 될 뿐이다. 이런 문제의식 속에서 〈지오포토 100〉 시리즈를 세상에 내 놓은 것 이다. 물론 이런 유의 사진집이 모든 것을 해결할 수 있다고 말하는 것은 아니다. 하지만 이를 계기로 지리학 에서 사진의 문제가 새로운 화두로 등장하기를 빌어 본다.

참고문헌

피에르 구루(김길훈 · 김건 역), 2010, 쌀과 문명(de P. Gourou, 1984, Riz et Civilisation, Libraire Arthéme Fayard), 푸른길, 서울.

石井實 · 井出策夫 · 北村嘉行, 2005, 寫眞 · 工業地理學入門, 原書房.

Harvey, D., 1990, Between space and time: Reflections on the geographical imagination, *Annals of the Association of American Geographers*, 80-3, 418-34.

Schwarz, J. M. and Ryan J. R., 2010, Photography and the geographical imagination (in Schwarz, J. M. and Ryan J. R.(eds), 2010, *Picturing Place: Photography and the geographical imagination*, I. B. Tauris, London), 1-18.

앵글 속 지리학 _상

001. 용암대지와 고석정

사람들은 보통 고석정에 가면 고석정에 올라 고석바위를 보고 사진을 찍는다. 사진 중앙에 있는 정자가 고석정이고, 하상 한가운데 우뚝 선 바위가 고석바위이다. 그런데 고석바위와 건너편 단애 모두 화강암으로 되어 있어, 이렇게 사진을 찍으면 이곳의 주요 지형 요소인 용암대지를 담을 수 없다. 이 사진은 고석정 서남쪽 용암대지 위에서 상류 쪽을 바라다보고 찍은 사진이다. 사진의 왼편 단애는 현무암용암이고, 이 용암대지 위에 각종 시설물들이 세워져 있다. 한편 하천 바닥과 오른편의 단애는 화강암으로 이루어져 있는데, 화강암으로 이루어진 고석바위에서 판상절리를 관찰할 수 있다.

한탄강을 따라서 대략 4가지 유형의 하곡을 볼 수 있다. 양쪽 단애와 계곡 바닥 모두가 현무암인 경우, 양쪽 단애와 계곡 바닥 모두가 화강암이나 변성암인 경우, 양쪽 단애는 현무암이고 계곡 바닥은 화강암이나 변성암인 경우, 마지막으로 한 쪽 단애는 현무암이고 다른 쪽 단애가 화강암이나 변성암인 경우이다. 고석정의 경우 네 번째 유형의 하곡인데 사진에서 이를 확인할 수 있다. 두 암석의 경계는 일반적으로 침식에 약한데, 이 경계를 따라 하천침식이 진행된 결과이다. 이러한 지형학적 구조는 한탄강을 따라 곳곳에서 확인할 수 있다.

 직탕폭포

2011. 8. / PENTAX 645D

완만하게 흐르는 한탄강 하상에는 우리나라 보통의 폭포와는 생김새가 아주 다른 폭포가 나타난다. 이 폭포가 바로 직탕폭포인데, 높이는 약 4m이고 폭은 80m 가량 되며 규모는 그에 미치지 못하나 마치 나이아가라 폭포를 줄여 놓은 듯하다. 하상의 용암층은 여러 번의 화산 분화 시 흘러내린 용암이 여러 겹 쌓인 것으로, 상층의 용암층이 수직 절리를 따라 떨어져 나감에 따라 계단 모양의 수직 단애가 형성된 것이다. 용암층이 떨어져 나가는 양식에 따라 수직 단애의 높이가 높아질 수 있고, 그 위치도 점차 상류로 옮아갈 수도 있다.

일반적으로 직탕폭포 사진은 폭포가 두드러지게 가까이서 찍는 경우가 대부분이다. 하지만 약간 멀리서 망원렌즈를 이용해 하상과 양쪽 용암대지의 수직 단애를 모두 넣어 사진을 찍으면, 한탄강이 관류하고 있는 용암대지의 지형학적 구조가 잘 나타날 수 있다. 직탕폭포 하류 쪽 다리 아래 언덕에는 사진을 찍을 만한 적절한 조망점이 있다. 이곳 한탄강 구간은 양쪽 단애뿐만 아니라 계곡 바닥까지 모두가 현무암인 경우로 용암이 비교적 두껍게 쌓인 곳이다. 따라서 현재의 유로는 '옛 한탄강' 계곡에서 고도가 가장 낮았던 옛 유로를 승계하였을 가능성이 매우 높다.

003. 나한정 스위치백

2004. 4. / CANON 300D

1962년 개통된 동해북부선강릉-묵호, 1940년 개통된 철암선묵호-철암, 1955년 개통된 영암선철암-영주을 통합하여 1963년에 영동선으로 명명하였다. 철암선은 삼척탄전의 개발을 위해 건설되었는데, 나한정과 통리 사이의 급경사를 극복하기 위해 스위치백과 인클라인이라는 특수한 방법을 사용하였다. 그중 인클라인은 통리에서 심포까지 경사 18°, 길이 1.1km의 급경사 구간에서 철재 로프로 화물차와 객차를 끌어올리는 방법인데, 이때 사람들은 걸어서 오르내렸다. 1963년 이 구간에 산록을 우회하는 8.5km 길이의 황지본선이 만들어짐으로써 인클라인은 폐쇄되었다.

당시에 만든 스위치백은 현재도 운행되고 있다. 도계를 거쳐 나한정에 도착한 열차는 후진으로 흥전역까지 올라간 후, 다시 진행 방향을 바꾸어 심포까지 간다. 여기서부터는 황지본선을 이용해 통리역까지 오르막을 오른다. 반대로 통리에서 나한정까지의 내리막도 같은 방법을 이용한다. 사진은 나한정역이며, 열차가 있는 선로가 나한정-도계 구간이며, 빈 철로가 나한정에서 흥전으로 오르는 스위치백 구간이다. 2012년 도계와 동백산 사이에 루프식 솔안터널이 완공되면, 스위치백과 함께 나한정, 흥전, 심포, 통리역은 추억의 뒤편으로 사라질 운명이다. 물론 관광열차로서 새로운 명물이 될 수도 있겠지만.

004. 하천쟁탈과 미인폭포 ←

2002. 8. / NOBLEX PRO 06/150

일반적으로 침식력이 강한 급경사의 하천이 두부침식headward erosion을 진행하면서 분수계를 넘어 완경사의 다른 하천 상류를 잠식하면서 유로를 연장하는데, 이를 하천쟁탈이라 한다. 이때 쟁탈당한 하천의 일부 유로에는 풍극이라 하는 물이 흐르지 않는 과거 유로가 나타난다. 사진 중앙에 노암으로 된 v자형 계곡 끝에 미인폭포가 있으며, 그 상류로는 아주 완만한 계곡이 이어진다. 하천쟁탈을 당하기 전 낙동강 지류였던 '옛 철암천' 최상류 구간은 현재 미인폭포를 통해 오십천으로 흘러 동해로 이어진다.

태백시에서 38번 국도를 따라 통리 고개를 넘으면 삼척시로 접어든다. 시 경계에서 내리막길을 따라 조금만 가면 오른편에 고원관광휴게소가 나타난다. 이 사진은 휴게소에서 미인폭포를 향해 동쪽을 바라보고 촬영한 것이다. 폭포의 오른편에는 신리로 넘어가는 폭포와 같은 높이의 427번 지방도로 흔적이 숲 사이로 보이는데, 도로변은 좁지만 비교적 평탄해 쟁탈당하기 전 '옛 철암천' 유로의 흔적으로 유추된다. 한편 폭포의 왼편 산등성이에는 경작이 이루어지고 있는 소규모 평지가 나타나는데, 사진에서는 밝은 녹색을 띠고 있다. '높은기'라 불리는 이곳 평탄면은 오십천 하안단구의 흔적일 가능성이 있다.

005. 한국의 그랜드캐니언 미인폭포 →

1999. 9. / NIKON N90S

인터넷에서 한국의 그랜드캐니언을 검색하면 대략 5군데가 나온다. 무릉계곡, 주왕산, 한탄강, 임천강 그리고 여기 미인폭포가 있는 통리협곡이 그것들이다. 이들 계곡이 그렇게 불리는 나름의 이유는 있겠지만 길이 450km, 깊이 1,000m 이상 되는 그랜드캐니언에 비하면 조족지혈이다. 하지만 11세기 중국 북송 시대 소상팔경도에서 비롯된 팔경이 우리나라 거의 모든 지방자치단체에서 활용되고 있는 것을 감안하면 그리 탓할 일도 아니다. 미인폭포가 있는 협곡 상류는 그 폭이 100m 정도에 지나지 않지만 이를 사이에 두고 거의 300m 높이의 퇴적암 절벽이 마주하고 있다.

통리에서 신리로 가는 427번 도로변에 미인폭포, 혜성사라는 입간판이 나타난다. 이를 따라 계곡 아래로 내려가면, 역암, 사암, 이암 등 퇴적암이 켜켜이 쌓인 계곡으로 들어서고, 계곡 안쪽에 약 50m 높이의 미인폭포가 나타난다. 오십천 계곡과 직각인 통리협곡의 방향, 미인폭포 상류의 평탄한 하안단구, 통리에서 미인폭포로 가는 427번 지방도 연변의 완경사지, 통리역 부근의 풍극을 감안한다면, 통리협곡은 오십천의 하천쟁탈 현장으로 판단된다. 여느 폭포와 마찬가지로 맑은 날보다는 흐리거나 비가 온 뒤 사진을 찍어야, 암석의 질감이 제대로 살아 있는 폭포 사진을 얻을 수 있다.

 높은기에서 본 백두대간

2002. 8. / NOBLEX PRO 06/150

태백산1,567m에서 함백산1,572m으로 이어지는 백두대간은 사진 좌측 가운데 있는 연화산1171m에 가려 멀리 그 일부만 희미하게 보인다. 백두대간은 함백산에서 북쪽으로 싸리재를 넘으면서 그 방향을 동쪽으로 바꾸고는, 사진 중앙에 있는 매봉산 천의봉1,303m까지 이어진다. 사진에서 보듯이 그 이후 백두대간은 도계–삼척 간 38번 국도와 영동선 철도가 지나는 오십천 계곡과 평행하게 북쪽으로 달린다. 정면에 보이는 능선이 하나가 아니듯이, 사진을 찍고 있는 곳 그리고 등 뒤에도 남북방향의 능선이 나란히 달리고 있다. 이들 능선들이 함께 태백산맥을 이루고 있다. 해발 약 700m에 위치한 높은기로 가려면 태백에서 38번 국도를 타고 삼척 방향으로 가다가 통리에서 미인폭포로 가는 427번 지방도로 우회전한다. 미인폭포를 지나 왼편으로 신둔지라는 아주 작은 마을로 들어서서 계곡을 건너면 높은기로 가는 험한 소로가 이어진다. 멀리서 바라볼 때와는 달리, 높은기는 비교적 넓고 평탄하여 대규모의 고랭지 배추 재배지로 이용되고 있다. 이곳은 백두대간을 제대로 조망할 수 있는 훌륭한 조망점 중의 하나이며, 조망 대상이 서쪽에 있어 늦은 오후가 아니라면 언제든지 좋은 사진을 얻을 수 있다.

 매봉산 고랭지채소재배단지

2001. 8. / MAMIYA 7II

태백에서 35번 국도를 타고 강릉으로 가려면 첫 번째 넘어야 하는 고개가 삼수령이다. 이 고개를 넘자마자 왼편으로 난 시멘트 포장길을 따라 한참을 오르면 널찍한 완경사지가 나타난다. 대략 해발고도 1,100m 고지에 펼쳐진 이곳이 우리나라의 가장 높은 곳에서 재배되고 있는 고랭지 배추밭이다. 지형학자들은 이처럼 높은 곳에 위치한 평탄지를 고위평탄면이라 하고, 신생대 제3기 한반도가 현재처럼 융기하기 이전에 하천의 침식으로 만들어진 평탄면의 흔적으로 이해하고 있다. 대관령 부근의 삼양목장 일대 역시 고위평탄면의 또 다른 예이다.
이곳은 고위평탄면이라는 지형 요소와 고랭지채소재배단지라는 토지 이용이 절묘하게 결합되어, 지리학자들에게 많이 알려진 곳이다. 이제는 은퇴하셨지만 지오포토에 관한 한 독보적이셨던 한 교수님과 이곳에서 사진에 관해 나누던 대화가 생각난다. 그분 생각으로는 도로를 사진 한 가운데 넣으면 도로변의 주택, 그리고 주변의 밭 등이 자연스럽게 사진에 포함될 것이라 했다. 풍경 사진에서 말하는 3분할의 법칙은 지오포토에서는 별 소용이 없다는 지적이다. 하지만 그분의 책에 실린 사진과는 달리 내 사진에서는 전경으로 배추밭을 확대해 보았다.

금강산 관광은 1998년부터 시작되었는데, 초창기 관광객들은 동해항에서 출발한 유람선을 타고 이곳 장전항북한 고성항에 도착했다. 낮에는 소형 선박으로 육지로 이동해 관광을 했고 밤에는 유람선으로 돌아와 숙박을 했다. 2003년부터 육로 관광이 시작되었으며 2008년에는 승용차 관광까지 이루어졌다. 이곳 장전항은 만의 입구는 좁으나 안으로 들어갈수록 넓어져 원형을 이루고 있다. 이와 같은 원형의 만을 특별히 코브cove라 한다. 코브는 기본적으로 만 입구의 암석이 내륙 쪽의 암석에 비해 침식에 강해야 만들어질 수 있다.

이 사진은 금강 패밀리비치호텔에서 촬영한 것이다. 높은 곳으로의 접근이 불가능해 여러 장의 사진을 이어 붙여 파노라마 사진을 만들었다. 왼편에 기반암이 노출된 급경사의 천불산654m은 화강암 지역에서 볼 수 있는 전형적인 산지이고 그 아래 사진 정면에 북한의 고성항이 희미하게 보인다. 사진 왼편 팔각정을 지나 금강산해수욕장이 있던 흰색 텐트촌까지는 자유로이 왕래할 수 있었고, 그 뒤로는 펜스가 쳐져 있고 출입이 제한되었다. 2008년 이 펜스를 넘은 한 관광객이 북한군의 총격으로 피살됨에 따라 현재까지 금강산 관광이 중단되고 있다.

7번 국도를 타고 화진포를 지나 북쪽으로 가다 보면 마차진해수욕장 혹은 무송정해수욕장이라 불리는 작은 사빈이 나타나고, 이 사빈의 한가운데 밤톨처럼 생긴 무송정이라는 섬이 눈길을 사로잡는다. 독특한 형상을 하고 있는 이 섬에는 소나무가 빼곡히 채워져 있다. 소나무의 짙은 녹색이 사빈의 흰색 그리고 바다의 청색과 대조를 이룬다. 이 섬은 만조 시에 물이 들면 모래해안으로부터 분리되지만 간조 시에는 모래톱으로 연결되는 전형적인 육계도이다. 무송정의 이와 같은 지형적 특성은 동국여지승람에도 지적되어 있는데, 당시는 무송대로 불렸다.

금강산 관광이 러시를 이루던 시절 많은 사람들이 출입 신고를 하던 통일전망대는 이곳 무송정으로부터 북쪽으로 1km 정도 떨어져 있다. 이 해변에 우뚝 솟아 있는 금강산 콘도는 사빈의 규모에 비해 너무 커서, 사빈이 마치 콘도의 전용 해수욕장과 같은 느낌을 준다. 이 사진은 콘도의 발코니에서 촬영한 것이다. 콘도에서 무송정 방향이 동향이라, 육계사주로 연결된 무송정, 그리고 화강암의 심층풍화 결과 만들어진 둥글둥글한 핵석이 섬 주변에 흩어져 있는 모습을 제대로 표현하려면 적어도 일출 시간은 피하는 것이 좋을 것 같다.

북쪽부터 화진포, 송지호, 영랑호, 청초호, 경포대 등 동해안을 따라 석호가 다수 발달해 있다. 현재는 이들 호수로 흘러드는 하천의 퇴적이나 인위적인 매립으로 그 규모가 줄어들거나 사라지고 있는 실정이다. 석호는 규모가 큰 지형 단위이지만 주변은 고도가 낮은 평지이기 때문에, 석호 가까이에서는 입수구, 배수구, 사주 혹은 사취 등의 지형 요소나 전체적인 지형 구조를 확인하기 어렵다. 실제로 항공사진이나 위성사진을 제외하고는 석호를 명확하게 볼 수 있는 사진이 별로 없다.

청대산은 속초 남쪽에 위치한 나지막한 산으로, 30분가량 오르면 팔각정이 있는 정상에 오를 수 있다. 능선 길을 따라 조금만 오르면 점점 더 시야가 넓어지고 청초호의 윤곽이 보이기 시작한다. 청초호를 볼 수 있는 조망점은 등산로 상에 여럿 있으며, 전망대도 한 곳 마련되어 있다. 정상에 있는 팔각정에서는 청초호를 한눈에, 그것도 부감의 최적 조망 각도인 10° 정도로 내려다볼 수 있다. 이곳에서 청초호는 북동향이라, 안개 등의 방해를 받지 않는다면 하루 내내 좋은 전망을 얻을 수 있다. 정면에 보이는 다리가 청호대교이며, 그 왼쪽에 청호동 아바이마을이 있다.

011. 모래시계와 정동진역 ←

2001. 9. / MAMIYA 7II

동해남부선, 삼척선, 영동선 모두 동해안을 따라 달리는 철도 노선이다. 이들 노선의 기차역들 중 해안 가까이에 있는 역들도 많지만, 정동진역처럼 해안에 바싹 붙어 있는 경우는 거의 없다. 고현정 씨는 지금도 최고의 인기를 구가하는 탤런트지만, 그녀가 1995년에 출연했던 SBS 드라마 "모래시계"는 장안의 화제 거리였다. 이 드라마의 한 장면에 이곳 역사가 등장한 덕분에, 한가한 어촌 마을이 국내 최고의 관광지 중 하나로 각광을 받게 되었다. 특히 정초에 새해 일출을 보러 오는 관광객들로 이곳 넓은 해변과 역사 주변은 발 디딜 곳이 없을 정도이다.

정동진은 관광지로 알려지기 전부터 일부 지리학자들의 출입이 잦았던 곳이다. 사진 정면에 유람선 형상의 썬크루즈호텔이 들어선 언덕이 신생대 4기 동해안의 융기를 설명할 수 있는 해안단구인 것으로 확인되면서, 현장 답사를 위해 많은 지리학자들이 이곳을 찾았다. 이 사진은 영동선의 전철화가 완전히 이루어지기 전의 모습이다. 조금 멀리서 넓게 화각을 잡아, 왼편에 정동진역 팻말과 바다를, 오른편에 새로이 들어선 각종 상업 시설을, 그리고 중앙에 철로와 멀리 언덕 위 썬크루즈호텔을 포함시켰다. 이 사진은 복잡하기는 하나 정동진의 다양한 면모를 한꺼번에 보여 준다.

012. 동해휴게소에서 본 정동진 해안단구 →

2010. 9. / CANON 5D MARK II

바다 쪽으로 삐죽이 나와 있는 암석 해안의 상단은 그 길이가 1km가량 되지만 멀리서 보면 거의 평지처럼 완만하다. 과거 동해안이 융기한 결과이며, 이러한 지형을 해안단구라 한다. 한때 이 해안단구의 형성 시기와 형성 작용에 대해 상반된 견해가 있었다. 하지만 지금은 60~70만 년 전 해식에 의해 만들어진 평탄면이 융기하여 현재에 이르렀다는 주장이 정설로 받아들여지고 있다. 심곡항에서 보이는 기반암 노두, 둥근 자갈로 된 해성 퇴적층, 바위에 구멍을 파는 보링쉘boring shell의 흔적 그리고 연대 측정 결과 등이 이러한 주장을 뒷받침하고 있다.

실제로 해안단구 위를 올라서면 예상과는 달리 기복이 심하고 식생으로 덮여 있어, 자신이 해안단구 위에 있다는 것을 실감하지 못하는 경우가 대부분이다. 하지만 이곳 동해고속도로 동해휴게소남행에서 북쪽을 바라다보면, 해안단구 위의 작은 기복은 사라지고 해발 75~80m 높이의 해안단구가 확연하게 보인다. 정동진역에서 남쪽을 바라다보면 언덕 위에 유람선 형상의 썬크루즈호텔이 있는데, 사진에서 해안단구 위에 보이는 흰색 구조물이 바로 그것이다. 사진 왼편에 있는 회색 시설물은 옥계항 한라시멘트 전용 부두에 있는 시멘트 저장소이다.

동해
강원도
Gangwon-do
강릉시 Gangneung

013. 라피에가 발달한 해안

2006. 3. / MAMIYA 7II

이곳은 촛대바위로 유명한 동해시 추암동 일대의 해안이다. 여느 해안과는 달리 삐죽삐죽 돌출한 바위들이 해안을 덮고 있다. 동해안을 따라 극히 일부 해안에서만 석회암이 나타나는데, 이 해안이 대표적이다. 석회암이 풍화를 받을 경우 절리를 따라 용식이 진행되기 때문에 풍화층 아래의 기반암 형상은 다른 암석과 달리 매우 복잡한 미세 기복을 보인다. 다양한 이유로 이 풍화층이 제거되면 기반암이 드러나는데, 지표에 드러난 삐죽삐죽한 석회암 기둥을 라피에lapié 또는 카렌Karren이라 한다. 물론 라피에는 육지에서도 볼 수 있다.

일반적으로 라피에는 카르스트지형 발달의 초기 단계에 나타나며, 석회암층이 약간의 경사를 지니고 있을 때 잘 발달한다고 알려져 있다. 반면 함몰지형인 돌리네는 수평층일 경우 잘 발달한다고 한다. 이곳 해안에 발달한 라피에는 파도에 의해 풍화층이 제거된 결과이다. 파도가 미치지 못해 풍화층이 제거되지 않은 곳에는 소나무가 자라고 있다. 푸른 하늘과 바다를 배경으로 석회암의 회색과 소나무의 녹색이 절묘한 색상 대비를 보여 준다. 이곳 해안 라피에는 촛대바위 쪽에서 북향이라 언제든지 촬영이 가능하다.

014. 추암

2006. 3. / MAMIYA 7II

추암은 한국관광공사가 '한국의 가 볼 만한 곳 10선'으로 선정한 해돋이 명소이며, 애국가 첫 소절의 배경 화면으로 등장한 것을 계기로 일반인들의 관심이 급속도로 증가하였다. 붉은 태양이 가늘고 기다란 촛대바위 위에 얹힌 일출 광경은 아름다움을 넘어서 장엄함에 흥분과 전율을 자아낼 정도였다. 추암의 '추錐'는 송곳을 의미하는데 추암, 추산과 같이 지명에 '추' 자가 들어가면 대개 기다란 기둥 모양의 암괴와 관련이 있다. 이곳 역시 석회암의 풍화층이 파도에 씻겨 노출된 기둥 모양의 기반암라피에이 해안을 따라 연속적으로 나타나고 있다.

사진 한가운데 사빈으로 연결된 섬이 보이고, 섬 앞 쪽 소나무로 가려진 곳에 송곳 같은 형상을 한 암주돌기둥가 나타난다. 이 암주가 추암이라는 지명의 근원이 된다. 추암이 있는 섬은 원래 해안과 분리된 섬이었으나 사빈이 발달해 해안과 연결되면서 전형적인 육계도가 되었다. 사진은 추암해수욕장 남쪽에 있는 언덕으로 올라가는 길에서 촬영하였다. 주택과 도로가 들어서면서 육계도의 원래 모습은 많이 사라졌지만 섬 북쪽에 있는 해안형 라피에와 함께 훌륭한 자연학습장의 구실을 하고 있다. 조망점에서 육계도는 북동향이라 언제든지 순광으로 촬영이 가능하다.

015. 호산해수욕장과 솔섬

7번 국도를 타고 경상북도에서 강원도로 진입하자마자 내리막길 오른편에 호산해수욕장이 나타난다. 이 해수욕장은 도 경계 부근에 있어 그간 개발과는 무관했으며, 태백산맥에서 발원한 맑은 가곡천이 바다로 흘러드는 곳이라 동해안에 가장 깨끗한 청정 해안 중의 하나였다. 하지만 이곳 역시 개발의 손길을 피할 수 없었는지, 한국가스공사가 이곳을 LNG 비축기지로 선정하였다. 개발 과정에서 만난 첫 번째 복병은 이곳이 개발 불가능한 지형보전 1등급 판정을 받은 곳이라는 사실이었다. 하지만 국가가 개발하기로 마음먹은 이상 불가능이란 없어 재심사, 재재심사 과정을 거쳐 등급이 하향되면서 문제가 사라지는 듯했다.

이번에는 엉뚱한 곳에서 또 다른 복병을 만났으니, 바로 솔섬이었다. 하천과 바다가 만나는 하구 한가운데 소나무로 덮인 하중도가 솔섬인데, 영국 출신이며 현재 미국에서 활동 중인 사진작가 마이클 케냐가 이 솔섬의 흑백사진을 세상에 공개한 것이다. 뒤늦게 솔섬의 경관적 가치를 발견한 사진작가들과 시민 단체들이 힘을 합쳐 이 섬을 지키겠다고 나섰다. 삼척시는 솔섬을 보존하고 그 뒤쪽으로 공장을 짓겠다면서 한 발 물러섰다. 시민운동의 승리에 축배를 들었는지 모르겠으나, 결국 호산해수욕장은 사라졌다. LNG 비축기지 속에 파묻힌 솔섬의 모습을 상상하니 아주 우울하다.

016. 진부령 ←

2010. 10. / CANON 5D MARK II

서울–춘천 고속도로, 홍천–속초 간 4차선 국도, 미시령터널 완공 등으로, 이제 미시령 길은 수도권과 동해안을 잇는 주도로가 되었다. 2차선이고 고갯마루 높이가 980m나 되는 한계령 길44번 국도은 산악관광도로로 바뀌고 말았지만 진부령 길46번 국도에는 여전히 많은 차량들이 오가고 있다. 진부령의 고도가 상대적으로 낮기도 하지만520m, 무엇보다도 거진, 간성 등 동해안 북단으로 가는 데는 이 도로가 편리하기 때문이다. 사진에서 진부령 길은 송전선으로 이어진 능선과 그 뒤로 보이는 높은 능선 사이를 평행하게 지니고 있어 보이지 않는다.

1970년대까지 국내 유일의 스키장이었던 알프스스키장은, 수도권과 영동고속도로 주변에 스키장이 여럿 생기면서 적자를 견디지 못해 문을 닫고 말았다. 사진 속 커다란 건물이 알프스리조트이고 그 아래 크고 작은 건물들도 모두 스키렌탈 혹은 숙박 업소였지만, 현재는 거의 폐업 상태이다. 이곳의 현실은 무엇이든 수도권과의 접근성이 떨어질 경우 맞게 될 고단한 운명을 대변하는 듯하다. 하지만 예외가 있다면 바로 지독한 등산 열풍이다. 오늘도 마산봉1,052m을 통과한 백두대간 종주자들은, 스키장을 가로지르고 진부령을 넘어 사진 정면의 칠절봉1,172m을 오른 후 북으로 향로봉1,296m을 향해 달리고 있다.

017. 울산바위 →

2010. 10. / CANON 5D MARK II

46번 국도를 타고 백담사와 내설악의 초입인 용대리를 지나 진부령 쪽으로 조금만 가다보면 오른쪽으로 미시령 길이 나온다. 이 길로 접어든 후 미시령터널을 나오자마자 오른편으로 거대한 바위산이 솟아 있으니 이것이 바로 울산바위이다. 금강산 일만이천봉에 끼지 못한 전설은 차치하고, 그 당당함은 우리나라 여느 봉우리와 견주어도 손색이 없다. 이처럼 바위가 드러난 밝은 회색의 화강암 산지는 서울 근교의 인수봉에서도 볼 수 있으며, 울산바위의 기반암인 중생대 대보화강암은 한반도 가운데를 동북에서 남서로 달리면서 띠 모양으로 분포하고 있다.

이 사진은 햇살이 밝은 가을 아침에 대명콘도 발코니에서 촬영한 것으로, 그 이외의 시간은 역광이라 제대로 된 사진을 얻을 수 없다. 반대로 뒤쪽 능선은 오후 내내 순광이라 촬영이 가능하지만, 마등령에서 황철봉을 지나 미시령까지는 입산이 금지된 백두대간 구간이다. 평일 콘도미니엄의 주 고객은 외국인 관광객들인데 특히 중국인 관광객들이 많다. 화강암으로 된 명산으로 치자면 중국의 노산, 태산, 황산 등이 몇 수 위이니, 경치 구경 이외에 그들이 원하는 구경은 딴 곳에 있으리라. 그들을 위한 다양한 프로그램이 개발되기를 바란다.

 화강암 풍화와 울산바위

화강암은 단단하다. 하지만 토양 아래에서 지속적으로 수분과 이산화탄소가 공급되면 화강암의 조암광물 중 특히 장석이 풍화를 받아 다른 물질로 바뀐다. 이때 부피가 팽창하고 광물 간의 결합력이 약해진다. 화강암에 절리가 잘 발달해 있고, 기온이 높고 강수량이 많을 경우 화강암의 풍화는 급속히 진행된다. 풍화가 이루어지는 속도와 풍화물이 제거되는 속도는 상대적인데, 전자가 후자보다 빠르면 풍화층은 더 두꺼워질 것이다. 하지만 후자가 전자보다 빠르다면 풍화층이 제거되고 풍화층 아래의 기반암이 드러나면서, 사진에서 보는 암괴 지형이 만들어진다.

울산바위 정상부는 삐죽삐죽한 암괴들로 이루어져 있으나 그 아래 식생을 제거한다면 울산바위 전체가 하나의 거대한 바위산이다. 주변에 비해 절리의 밀도가 낮아 풍화에 견딜 수 있었다. 이처럼 주변의 풍화물이 제거되면서 괴상의 화강암체로 남은 지형을 지형학에서는 보른하르트 bornhart라 한다. 일반인이 울산바위에 오를 수 있는 길은 흔들바위가 있는 내원암을 지나는 길뿐이다. 수직에 가까운 철재 다리를 힘겹게 올라 이곳 울산바위의 전망대에 도착하면 수직, 수평 절리로 짜개졌지만 풍화를 받아 둥글둥글하고 거대한 암괴지형이 눈앞에 펼쳐진다. 햇살이 강할 때보다는 오히려 흐린 날 사진을 찍으면 암석과 지형의 디테일이 잘 드러난다.

019. 대승폭포

대승폭포는 개성의 박연폭포, 금강산의 구룡폭포와 함께 우리나라 3대 폭포로 불리는 곳으로, 폭포 시작점부터 바닥까지 88m의 높이를 단번에 수직으로 떨어진다는 점에서 그 규모를 짐작할 수 있다. 이 폭포는 여느 폭포처럼 하천종단면의 경사변화점에 있는 것이 아니라, 계곡 방향에 평행한 단애면을 따라 떨어지면서 주 계곡과는 직각으로 만난다는 점에서 특별하다. 밝은색의 단애면과 주변 산지의 붉은색 단풍 덕분에 경관의 단조로움은 피할 수 있었으나, 촬영 시기가 가을인지라 떨어지는 물의 양이 적어 마냥 아쉽다.

장수대에서 등산로를 따라 1km가량 오르면 폭포 맞은편에 있는 전망대에 도착한다. 이 사진은 전망대에서 촬영한 것이다. 여느 폭포 사진과 마찬가지로 맑은 날 보다는 흐린 날, 그것도 바위가 비에 젖어 있을 때 바위의 질감과 전체적인 지형 윤곽이 잘 드러난다. 전망대를 뒤로 하고 등산로를 따라 계속 오르면 대승령 정상에 도착한다. 여기서 반대로 하산하면 복숭아탕을 거쳐 남교리에서 홍천-속초 간 46번 국도와 연결되고, 서북주릉이라 부르는 능선을 따라 동쪽으로 계속 가면 귀떼기청봉을 지나 설악산 정상 대청봉에 이른다.

020. 설악산 폭포 시리즈

무수히 많은 폭포를 지나면서, "과연 설악산에는 폭포가 몇이나 될까?"라는 엉뚱한 생각을 해 보았다. 크고 작은 것을 합하면 대략 100여 개는 될 것 같으나, 그 수를 헤아리는 것이 큰 의미가 없어 포기했다. 여기에서는 비교적 쉽게 접근할 수 있고 규모도 작아 바로 앞에서 사진을 찍을 수 있는 폭포 4개를 연속으로 배열해 보았다. 왼편 첫 번째가 설악동에서 쉽게 접근할 수 있는 토왕성 계곡의 비룡폭포인데, 이보다 상류에 토왕성폭포, 하류에 육담폭포가 있다. 폭포 물은 급경사의 단애를 따라 10여 미터를 떨어지며, 그 아래에는 전형적인 형태의 폭호가 발달해 있다.

두 번째가 십이선녀탕 계곡에 있는 복숭아탕이다. 단애면에 구멍이 뚫려 있는 특이한 형태의 폭호인데, 폭호 아래 또 하나의 폭포가 계속 이어진다. 뚫린 구멍의 장경이 무려 10m 가량 되며, 물속에 자갈도 포함되어 있다. 세 번째는 남설악 입구에 있는 용소폭포인데, 폭포의 길이가 수미터에 불과하고 폭호의 출구까지 기반암으로 둘러싸여 있어 폭포라기보다는 침식와지인 포트홀pothole에 가깝다. 마지막은 남설악 흘림골에 있는 여심폭포이다. 침식에 의해 만들어진 폭포가 아니라 절리면을 따라 암괴가 떨어져 나가면서 만들어진 폭포이기 때문에 그 아래 폭호의 발달이 미약하다.

021. 장수대 가리천 토석류 ←

2010. 10. / CANON 5D MARK II

한계천은 한계령에서 출발한 44번 국도와 나란히 달리다가 원통삼거리 한계리에서 북천과 합류한다. 북천은 하류로 가면서 인북천, 소양강과 만나 소양호로 흘러든다. 대승폭포, 대승령으로 가는 등산로의 출발지인 장수대는 인제와 한계령 사이의 중간쯤에 위치해 있다. 장수대는 건물 이름이며, 예상과는 달리 고옥이 아니다. 1959년 당시 3군단장이던 오덕준 장군이 6·25때 치열했던 설악산 전투를 회상하며 전몰장병들의 명복을 기원하는 뜻에서 건립한 것이다. 48평 규모의 전통 한식 건물로, 한때 관광객들의 휴식처나 숙박지로 이용했다고 한다.

사진은 장수대 부근에서 한계천과 가리천이 합류하는 모습을 촬영한 것이다. 대략 동-서 방향인 한계천 계곡과 직각방향으로 만나는 지류 계곡이 장수대 부근에 둘 있는데, 북쪽의 지류가 대승폭포가 있는 계곡이라면 남쪽의 것은 가리봉1,519m에서 발원한 가리천 계곡이다. 두 하천의 하상이 미끈하게지형학적 용어를 사용하면 협화적으로 만나지 않는 점, 그리고 하상 한 가운데 식생들이 고사하고 있는 점 등으로 보아, 산지 급경사 계곡을 빠져 나온 듯한 가리천의 하상 퇴적물은 하천에 의해서라기 보다는 매스무브먼트massmovement의 한 유형인 토석류에 의해 이동한 것으로 판단된다.

022. 한반도지형 선암마을 →

2005. 7. / PENTAX 67

곡류하천을 가리키는 우리말로는 물도리, 물굽이 등이 있는데, 범람원에서 자유로이 곡류하는 자유곡류하천과 구분해서 감입곡류하천이라는 어려운 학술 용어를 사용한다. 감입곡류하천의 경우 계곡 자체가 곡류하고 있다. 곡류하천 만곡부의 산각이 한반도를 닮았다는 의미에서 이름 붙여진 한반도지형은 이제 전 국민적 고유명사, 아니 일반명사가 되었다. 곡류하천이 발달한 남한강 유역의 여러 시·군에서는 지역 관광 상품의 주요 아이콘으로 한반도지형을 이용하고 있다. 특히 영월군은 2009년 10월 선암마을 한반도지형을 이러한 지형의 원조로 자리매김하려는 의도에서 영월군 서면을 영월군 한반도면으로 개칭했다.

감입곡류하천은 동해가 갈라지고 한반도가 융기하기 이전인 신생대 제3기 중엽에 한반도가 하천침식에 의해 평탄했다는 증거로 제시된다. 그 이후 지반의 융기로 하방침식이 진행되면서 과거 자유곡류하천의 평면 형태가 그대로 유지된 채 하도가 깊어진 것이다. 선암마을 한반도지형은 한반도 동고서저의 지형적 특색을 모식적으로 보여 주고 있으며, 왼편의 모래톱은 서해안의 간석지를 닮았다. 한반도지형 전망대로 가려면 산길을 따라 제법 가야 한다. 산길 주변 평탄한 곳이 바로 평창강의 하안단구이며, 이곳에는 석회암의 용식지형인 돌리네가 곳곳에 나타난다.

023. 내린천 살둔마을 ←

2002. 5. / NOBLEX PRO 06/150

감입곡류하천은 남한강, 북한강의 본류뿐만 아니라 최상류의 작은 지류에서도 쉽게 볼 수 있다. 이곳은 맑은 물과 심하게 곡류하는 하천으로 유명한 내린천의 상류 구간이다. 이곳 생둔살둔이라고도 하는데 마을은 이곳에서 조금 하류에 있다마을에서 내린천을 따라 상류로 가면서 월둔, 달둔 두 오지마을이 나타난다. 예로부터 이 세 마을을 삼둔이라 했으며, 난리에 숨어 살기 좋은 마을로 알려졌다. 작은 하천의 상류에 위치한 곡류하천의 만곡부 바깥쪽은 대개 급경사의 절벽으로 이루어져 있다. 그 때문에 오늘날에도 계곡을 따라 도로를 건설하는 것이 용이하지 않다. 내린천에서 이 정도의 곡류 구간은 흔히 볼 수 있다. 그러나 적당한 조망점까지 길이 나 있지 않고, 있다 하더라도 숲으로 우거져, 내린천 상류에서 제대로 조망할 수 있는 곡류하도 구간은 그다지 많지 않다. 하지만 이곳 살둔마을은 지리학자들에게 비교적 잘 알려진 곳이다. 왼편 도로가 끝나는 곳에서 도로 절개지 가장자리를 따라 급경사를 간신히 오르면 사진에서 보는 것과 같은 전망을 만날 수 있다. 가까이 있는 소나무가 하도 일부와 하안단구 위에 만들어진 농경지와 취락을 가리고 있어 아쉽다. 하지만 마을을 외부와 이어 주는 작은 다리와 도로는 정겹다.

024. 병방치에서 본 감입곡류와 구하도 →

2011. 9. / OLIMPUS XZ-1

영월의 선암마을을 필두로 한반도지형은 이제 지역 관광 상품의 아이콘이 되었으며, 이곳 정선도 예외는 아니어서 두 곳이 유명세를 타고 있다. 하나는 정선읍 북동쪽에 있는 덕송리 일대이며 동강으로 둘러싸여 있다. 하천을 건너 문곡리 뒤로 상정바위1,006m라는 제법 높은 산이 있으며, 정상 부근 전망대에서 정선의 한반도지형을 조망할 수 있다. 하지만 하천의 일부가 능선에 가려 완벽한 모습은 아니다. 다른 하나가 바로 이곳이다. 정선읍 남서쪽의 광하리에 있는 동강의 감입곡류 구간으로 그 형상이 한반도를 정확하게 닮지는 않았지만 완벽한 형태의 감입곡류 형상을 비교적 높은 곳에서 조망할 수 있다.

이곳을 조망할 수 있는 병방치에는 병방치하늘길이라는 조망 시설이 만들어져 있다. 투명 발판으로 된 U자 형태의 전망용 난간인데, 절벽 위로 삐죽이 내밀어져 있어 쳐다보기만 해도 아찔하다. 조만간 개장될 예정이라며 아직 출입문이 굳게 닫혀 있다. 난간 바로 밑 절벽에 한 사람 겨우 설 수 있는 공간이 있고 그곳까지 샛길이 나 있어 사진 촬영이 가능했다. 이곳에서 덤으로 볼 수 있는 것은 광하리의 구하도와 미앤더코어이다. 사진의 우상단에 보이는데, 현 하도과 구 하도의 고도 차이는 하도가 절단된 뒤 융기한 높이이기 때문에 이를 바탕으로 이 지역의 융기 속도를 가늠해 볼 수 있다.

2001. 9. / MAMIYA 7II

4차선 38번 국도 덕분에 요즘 제천에서 영월로 가는 것은 쉽다. 제천에서 영월로 가자면 영월 초입에서 터널, 다리, 또 다시 터널을 지나면 어느새 방절리 구하도에 이르고 곧 영월읍과 청령포 출구에 도착한다. 하지만 이전에는 31번 국도 영월과 평창 갈림길에서 영월 쪽으로 우회전해 소나기재를 넘고 단종 능인 장릉을 지나야 비로소 영월에 이를 수 있었다. 소나기재를 넘자마자 오른편에 넓은 공터와 주차장이 나타나는데, 바로 이곳이 선돌 입구이다. 이전에 선돌은 지나가는 길에 있어 큰 어려움 없이 찾고는 했으나, 이제는 이곳을 찾겠다는 구체적인 계획을 세우지 않으면 그냥 지나치고 만다.

입구에서 산길을 따라 조금 가면 선돌 전망대가 나온다. 사진은 전망대에서 서강의 하류 쪽, 다시 말해 영월이 있는 동쪽을 바라다본 것이다. 탑카르스트로 유명한 중국의 구이린계림이나 베트남의 하롱베이와 비교한다면, 단지 2개의 석회암 기둥이 우뚝 솟아 있는 이곳 선돌을 탑카르스트로 지칭하기가 민망하다. 하지만 석회암의 풍화와 풍화층의 제거라는 탑카르스트의 형성 과정이나 그 형상만은 선돌의 그것과 일치한다. 강 오른편 하안에는 대략 2~3단의 하안단구가 보이며, 멀리 산록에도 하안단구로 보이는 경사변환점이 확인된다.

하안단구란 과거의 하상이나 범람원이 융기하여, 홍수 시에도 범람이 되지 않는 하천 변의 평평한 대지를 말한다. 하안단구와 하천과의 경계나 상위 단구와 하위 단구와의 경계를 따라 급경사의 절벽이 나타나므로, 높이가 다른 여러 개의 단구가 마치 계단처럼 보일 수도 있다. 우리나라에서 볼 수 있는 하안단구의 대부분은 단구면이 두부를 자른 듯이 매끈하지 않고 하천 쪽으로 미약한 경사를 보인다. 이는 단구면이 노출된 후 적어도 수만 년 동안 배후산지로부터 퇴적물이 중력에 의해 사면을 따라 이동한 결과이다.

사진은 선돌에서 서쪽으로 서강의 상류를 바라보고 촬영한 것이다. 멀리 보이는 산들은 영월강원도과 제천충청북도의 경계를 이루는 산릉들이다. 왼편에 송전탑과 독립가옥이 들어서 있는 하안단구의 가장자리에는 기반암으로 된 단구애가 발달해 있으며, 같은 하안을 따라 멀리 취락이 입지해 있는 하안단구보다는 고도가 더 높다. 오른편 하안에 있는 하안단구는 왼편의 낮은 하안단구와 고도가 같다. 같은 시기에 형성된 같은 높이의 하안단구가 하천 양안에 대칭적으로 나타나기도 하지만, 한쪽에만 나타나는 경우도 있다. 이곳은 취수가 어려워 밭농사 위주이며, 산촌散村의 형태를 띤다.

027. 동강

2006. 8. / MAMIYA 7II

영월에서 만나는 남한강의 양대 지류 중, 동쪽의 지류를 동강, 서쪽의 지류를 서강이라 부른다. 동강은 영월, 정선, 평창, 삼척 등 강원도에서도 개발이 비교적 덜 된 지역을 지난다. 1990년대 동강댐 건설을 둘러싸고, 이해 당사자인 주민들은 물론, 학계, 환경운동가, 해당 공무원 등 다양한 계층이 논쟁과 집단행동에 가담했으며, 그러는 과정에서 동강은 전 국민의 관심거리가 되었다. 결국 동강댐 건설은 무산되었는데, 이는 대규모 국책 개발 계획을 백지화시킨 환경 운동, 시민운동의 쾌거로 오래 기억될 것이다. 물론 빛이 짙으면 그림자도 짙은 법이지만.

이 사진은 백운산883m 정상 조금 못 미쳐 등산로 상에서 동강의 하류 쪽을 바라보면서 촬영한 것이다. 동강의 곡류는 우리나라에서도 손꼽힌다. 하지만 이런 경관을 볼 수 있는 조망점에 접근하기란 쉽지 않다. 왜냐하면 사진에서 보듯이 석회암을 기반으로 한 산지의 경사가 매우 급하고 고도 또한 높기 때문이다. 석회암이 지표에 드러날 경우 매우 단단하며, 그것이 지닌 절리 때문에 하안에는 급경사의 단애가 만들어진다. 이곳에서 급류를 타고 하류로 래프팅을 하면 백룡동굴, 어라연을 거쳐 영월까지 갈 수 있다.

028. 백룡동굴과 칠목령

백룡동굴은 동강 연안 절벽에 있는 석회동굴인데 2010년에서야 비로소 일반인에게 공개되었다. 예약제로 운영되며, 아직까지 탐방객들이 많지 않기 때문에 종유석은 원래의 색상과 모습을 유지하고 있다. 동굴 안에 조명 시설이 전혀 없고 별다른 편의 시설이 없다. 따라서 좁은 통로를 통과할 때면 옷이 물에 젖기 때문에 관리소에서 제공하는 상하의가 붙은 빨간색 작업복과 헬멧을 착용해야 한다. 일반인에게 이곳 여행은 체험형 동굴 탐험을 넘어서서 가히 어드벤처형 동굴 탐험이 되고 만다.

영월에서 백룡동굴까지 직선거리로는 30km가 채 되지 않지만, 한참을 둘러가야 하기 때문에 무려 1시간 반 이상이 걸린다. 게다가 백룡동굴 견학에도 2시간가량 소요된다. 이런 수고에 대한 보답으로 컴컴한 백룡동굴 하나만으로는 부족하다. 백룡동굴에 가거든 꼭 칠목령에 오르자. 백룡동굴 관리소에서 약 50분 정도 가면 칠목령에 도착한다. 경사도 심하지 않고 등산로도 잘 정비되어 비교적 수월하게 오를 수 있다. 칠목령은 영월, 평창, 정선 세 군이 만나는 곳에 있으며, 전망대에서 보이는 동강의 장쾌한 물돌이는 우리나라 내륙에서 볼 수 있는 경관 중 가장 다이나믹하다. 촬영 시각은 언제든 상관없으나, 아침 햇살에 발갛게 물든 건너편 하안단구 위 바새마을의 모습이 장관이다.

029. 독도를 바라보는 도동 삭도전망대 ←

2004. 9. / NOBLEX PRO 06/150

독도를 바라볼 수 있는 전망대로는 이곳 도동의 삭도전망대와 해안전망대, 저동의 내수전전망대, 북면 석포전망대 등 여럿이 있다. 하지만 날씨 때문에 실제로 독도를 볼 수 있는 날이 며칠 안되므로, 대략 2박3일 정도의 관광 일정으로 울릉도를 찾는 보통의 관광객의 경우 독도를 볼 수 있는 기회는 극히 적다. 1999년 개설된 삭도전망대는 망향봉316m 정상에 세워져 있는데, 독도박물관 옆에 있는 케이블카를 이용하면 단 5분만에 오를 수 있다. 이곳에서는 좁은 골짜기를 따라 건물들이 다닥다닥 붙어 있는 도동 시가지의 모습을 확연하게 볼 수 있다.

이곳 도동은 울릉도의 행정중심지일 뿐만 아니라 교통, 관광, 상업, 교육의 중심지이다. 오른편 하단이 도동항 여객터미널인데, 육지와 연결되는 모든 여객선들이 이곳에 접안한다. 한편 왼편 시가지 속에 운동장이 둘 보이는데, 가까운 쪽이 울릉중학교이고 먼 쪽이 울릉초등학교이다. 정면에 있는 산에 가려 보이지 않으나 산 건너편에는 동해어업전진기지가 있는 울릉도 최대 어항 저동항이 있다. 산의 왼편 안부를 넘는 도로가 하나 있는데, 저동으로 가려면 이 도로를 이용해야 한다. 해안을 따라 나 있는 산책로를 이용해도 저동까지 갈 수 있다.

030. 도동항 →

2004. 9. / MAMIYA 7II

오징어는 동중국해 북동부에서 산란, 부화하여 동해, 대화퇴, 황해로 북상했다가 다시 남하하는 회유성 어종으로, 주로 7월부터 다음 해 2월까지 동해 부근에서 오징어 어장이 형성된다. 외해로 나가 대형 트롤선에서 내린 그물로 오징어를 잡기도 하지만 울릉도에서 가공되고 소비되는 오징어는 오후에 조업에 나선 작은 어선이 주로 울릉도 근해에서 채낚기로 잡은 것이다. 오징어는 주광성이라 밝은 불빛을 찾아오므로, 오징어를 잡을 때에는 집어등으로 배 주위를 환하게 밝힌다. 밤에 해안선에서 바다 쪽을 바라보면 어선 집어등의 불빛이 길게 늘어서 장관을 이룬다.

야간 내내 작업한 어선들은 새벽에 도동항이나 저동항으로 돌아온다. 봄철을 제외하고는 어느 계절이나 이른 아침에 항구로 가면 배에서 오징어를 내리고 한쪽에서 오징어를 장만하는 모습을 볼 수 있다. 많은 양의 오징어를 한꺼번에 소비할 수 없어 대개 건조 오징어를 만든다. 내장을 분리하는 할복 작업을 거친 후, 오징어 발이 서로 엉키지 말라고 댕깃대를 끼워 말리는데, 이 댕깃대가 울릉도 오징어의 트레이드마크이다. 청정 지역일 뿐만 아니라 그날 잡은 오징어를 그날로 작업하며, 오징어 몸을 당겨서 늘이는 작업을 하지 않기 때문에 이곳 오징어가 맛있다고 한다. 한편 건조대의 대나무 작대기에는 오징어가 20마리씩 끼워져 있는데, 이를 한 축이라 한다.

031. 행남해안산책로

2004. 9. / MAMIYA 7II

이 산책로로 가려면 여객터미널에서 도동 반대 방향으로 길을 잡아야 한다. 작은 철재 계단을 넘으면 산책로가 시작되는데, 다리, 철재 난간, 계단, 동굴들로 이어진다. 구불구불, 오르락내리락 1km 가량 가면 이 해안산책로는 끝나고 오른편으로 도동등대^{행남등대}로 가는 길이 나온다. 등대에 오르면 저동 항이 보이고 행남해안산책로와 이어져 저동 촛대바위까지 가는 또 다른 해안산책로가 해안을 따라 펼쳐진다. 계속 걷고자 한다면 저동 내수전전망대에서 복쪽 해안의 석포마을까지 가는 옛길이 있는 데, 울창한 삼림으로 덮여 있어 울릉도의 또 다른 묘미를 즐길 수 있다. 이 모두를 주파하려면 적어도 4시간은 걸린다.

산책로를 따라 걷다보면 육지에서 볼 수 없는 암석들을 만난다. 대규모 폭발성 분화에 의해 엄청난 양의 화산재가 쌓여 만들어진 응회암 위를 점성이 높은 조면암질 마그마가 덮고 있다. 게다가 화산재 와 용암부스러기가 용암처럼 흐르다 쌓인 화산쇄설암이 그 위를 덮고 있다. 이들 암석들은 다공질이 고 침식에 약해 파랑의 침식으로 만들어진 해식애와 해식동굴들이 해안을 따라 곳곳에 나타난다. 또 한 풍화에 의해 만들어진 움푹움푹한 구멍^{지형학적 용어로 타포니:풍화혈}을 해식애 곳곳에서 쉽게 관 찰할 수 있다.

032. 88도로

울릉도에는 아직 섬 일주도로가 없다. 울릉도의 동쪽 해안이 급경사로 이루어져 있어 저동과 북동쪽 해안에 있는 섬목을 가려면 도로를 이용해 반대편 해안을 빙 둘러가거나 아니면 소형 여객선을 이용해야 한다. 섬의 북쪽과 남쪽 해안도로는 오래전부터 버스가 다녔다. 비포장 산악도로였던 현포-태하-남양 간의 서쪽 도로가 포장됨으로써 남쪽과 북쪽 해안도로가 어렵사리 연결되었다. 최근 태하-남양 구간에는 기존의 산길 대신 해안을 따라 중산간 지역에 터널이 건설됨에 따라 새로운 도로가 만들어졌다. 이제 저동에서 출발한 차동차는 큰 어려움 없이 섬목까지 갈 수 있다.

도동에서 이웃한 저동이나 사동으로 가려면 높은 고개저동재, 사동재를 넘어야 하는데, 도로 경사가 심해 평소에도 쉽지 않다. 하물며 폭설이 잦은 겨울철에 상대적인 경사가 더 급한 사동재를 넘는다는 것은 거의 불가능한 일이었다. 이를 극복하기 위한 아이디어가 바로 울릉대교, 일명 88도로라 하는 회전식 도로였다. 하지만 만든 지 30여 년이 되어 노후화되었고 대형 화물차가 통행할 수 없어 큰 불편을 겪자, 사동재 아래로 터널을 만들기로 했다. 2007년 완공된 울릉터널의 개통으로, 이제 88도로는 특별히 사동재 부근으로 가는 경우가 아니면 이용하지 않는 추억의 길이 되고 말았다.

033. 사태감의 암석 애벌런치 ←

일부 구간을 제외하고 울릉도 일주도로가 완성되었지만, 지형적, 암석적 특성 때문에 도로 사정이 열악한 것은 여전하다. 도로 자체의 경사가 심할 뿐만 아니라 도로 절개지도 가파르고, 특히 화산쇄설암으로 된 해안에 바싹 붙은 도로는 폭풍우를 동반한 높은 파도에 쉽게 피해를 입는다. 해안도로가 파도에 휩쓸려나가는 것을 막기 위해 테트라포드 등으로 보강해 보지만, 사진에서 보듯이 산사태가 발생한다면 속수무책이다. 2004년 8월 19일 태풍 메기가 울릉도를 통과하면서 울릉도 남서쪽 구암과 남양 사이의 해안일주도로에 산사태가 발생하였다.

이곳 사태감이라는 지명이 사태와 어떤 관련성이 있는지 아는 바 없다. 하지만 사진만으로도 이곳 지형적 조건이 사태 발생에 극히 취약함을 알 수 있다. 고화되지 않은 화산쇄설암 위를 단단한 조면암이 덮고 있고, 조면암 층 사이에 풍화층이 발달해 있다. 도로 개설로 절개지가 만들어지고 여기에 높은 파도가 덮친다면, 구조적으로 취약한 상부의 조면암이 수직절리를 따라 붕락할 수 있다. 사태가 난 후 도로 위의 토석을 제거하고 도로와 통행객들을 보호하기 위해 그 자리에 사태감 터널을 만들었으나, 소규모 산사태는 계속해서 발생하고 있다. 이런 식의 매스무브먼트를 암석 애벌런치rock avalanch라 한다.

034. 나리분지 →

사진에 보이는 평지가 나리분지이고, 멀리 구름에 살짝 가린 봉우리가 성인봉이다. 오른편에 나지막한 오름이 보이는데, 이것이 칼데라의 중앙화구구인 알봉538m이다. 칼데라는 용암이 빠져나가는 자리로 산 정상부가 함몰되면서 만들어진 것이다. 지금부터 2만 년 전에서 1만 년 전 대규모 분화로 기존의 칼데라가 확장되었으며, 최후의 분화는 지금부터 약 6,300년 전에 일어났다. 이때 만들어진 알봉에 의해 기존의 칼데라가 알봉분지와 나리분지로 나누어졌다. 알봉에서 분출한 화산쇄설물이 주로 이 알봉의 북쪽에 쌓여 나리분지보다 알봉분지의 고도가 더 높다.

현재 이곳은 식당과 민박집이 들어서서 농촌 관광지의 면모를 갖추고 있지만, 1978년 처음 이곳을 찾았을 때 나리분지는 세상과 격리된 섬 속의 섬이었다. 작은 농가들이 넓은 분지 바닥에 띄엄띄엄 산재해 있었고, 주민이 사는 너와집도 볼 수 있었다. 해질 무렵 도착한 30명가량 되는 우리 일행은 삼삼오오 뿔뿔이 흩어져서 식사와 잠자리를 해결해야만 했다. 나리분지는 논농사를 짓던 울릉도 유일의 평지였으나, 현재는 천궁과 같은 약초와 고추냉이를 재배함으로써 주민들은 고소득을 올리고 있다. 이 사진은 천부로 내려가는 길 초입에서 촬영한 것이다.

섬 관광의 백미는 섬 일주 유람선 관광인데, 울릉도도 예외가 아니다. 특히 울릉도처럼 교통이 불편하고 1,000m가량 되는 높은 성인봉이 섬 한 가운데를 차지할 경우, 대부분의 관광객들은 유람선 관광을 할 수밖에 없다. 섬 한 바퀴를 돌다 보면 풍향에 따라 파도가 거친 곳도 있지만 그 반대편은 잔잔하다. 섬 일주 관광은 대개 도동에서 시작해서 시계 방향으로 도는데, 처음에는 관광객들이 새로운 풍광에 탄성을 자아내지만 얼마 지나지 않아 조용해진다. 배멀미 탓도 있지만 비슷한 경치가 반복되기 때문이다. 이때 단조로움을 깨는 것이 바로 코끼리바위이다.

섬 북쪽 해안에는 코끼리바위를 비롯해 일선암, 삼선암, 관음도 등 기괴한 형태의 섬들이 펼쳐져 있는데, 그중에서도 코끼리바위가 단연 압권이다. 코끼리바위는 전체적으로 물속에 코를 빠뜨리고 있는 코끼리의 형상을 하고 있으며, 용암류에서 나타나는 주상절리가 바위 전체를 덮고 있어 마치 코끼리의 거친 피부를 연상하게 한다. 이 바위는 구멍이 뚫린 바위라는 의미에서 공암이라고도 하는데, 그 구멍 사이로 소형 선박의 왕래가 가능하다. 이 사진은 동쪽에서 서쪽을 바라다보면서 촬영한 것으로 흐린 날의 사진이라 암석의 질감이 제대로 나타난다.

036. 추산

2004. 9. / MAMIYA 7II

1978년부터 2009년까지 울릉도를 10번 다녀왔지만, 갈 때마다 매번 추산, 즉 송곳산430m을 보았다. 그때마다 생각나는 한마디가 바로 낭중지추囊中之錐였다. 낭중지추란, 주머니 속 송곳은 언젠가 그 날카로움을 드러낸다는 의미의 사자성어이다. 이 사자성어는 지방에서 30년 가까이 7평짜리 독방을 지킨 한 대학 선생이 마지막까지 매달리고 있는 희망의 메시지이다. 또 누군가의 글이 생각난다. "소인배라고 불려도 좋다. 내가 쓰이지도 못하고 말라 비틀어져 가는 오이 같아야 되겠느냐. 나는 팔리고 싶다. 나는 나를 좋은 값에 사 갈 장사꾼을 기다리고 있다."

송곳산은 나리봉 – 말잔등 – 성인봉 – 미륵산 – 형제봉으로 이어지는 나리 · 알봉분지 칼데라의 외륜산 중 하나이다. 땅의 형태를 연구하는 지형학자이지만, 어떻게 이처럼 완벽한 형태와 대칭성을 가지게 되었는지 나 역시 누군가에게 묻고 싶다. 요즘 나리분지는 북면 소재지가 있는 천부에서 자동차로 쉽게 오를 수 있으나, 이전에는 추산발전소 옆으로 난 급경사의 산길을 타야 오를 수 있었다. 나리 · 알봉분지로 모여든 빗물이 두껍게 쌓인 화산회층 아래 스며들어 추산용출소에 모이면, 용수관을 통해 추산발전소로 보내진다. 두 지점의 낙차는 250m가량 된다.

037. 독도

2009. 4. / NIKON COOLPIX P6000

빙산은 커다란 몸체를 물속에 숨겨 두고 그 일부만 바다 위로 삐죽 내밀고 있는데, 울릉도나 독도 역시 이와 비슷한 형태이다. 독도는 화산체의 정상 부분이 해파의 침식을 받아 이제 그 흔적만 남았지만, 바다 속으로는 높이 2,000m가 넘는 거대 화산체와 연결되어 있다. 울릉도와 독도 이외에 동해안에는 이러한 화산체가 여럿 있지만, 모두 오랜 시간 침식 작용을 받아 정상부가 평평해진 후 다시 해수면 아래로 침강했다. 정상부가 평평한 심해 화산체를 평정해산Guyot이라 하는데, 동해에 있는 안용복 해산, 김인우 해산, 이규원 해산 등이 그 예이다.

독도의 큰 섬은 동도와 서도이며, 87개의 바위섬이 주변에 흩어져 있다. 여객선 선착장이 있는 곳은 동도이며, 이 사진 역시 동도에서 서도를 찍은 것이다. 제대로 된 사진을 찍자면 초소가 있는 높은 곳까지 가야겠지만, 일반인은 이곳 몽돌해변이 끝이다. 이나마 날씨가 좋아 정박이 가능할 경우에 한한다. 여기저기 부탁해 볼 수도 있었겠지만, 보통 사람이 누구의 간섭 없이 오를 수 있는 곳에서 사진을 찍는 것이 내 지오포토의 모토이다. 그래야 재현 가능하기 때문이다. 사진을 다시 보면서, 30여 년 전 울릉도에서 만났던 독도의용수비대 홍순칠 대장이 생각난다. 아주 매력적인 남자로 기억하고 있다. 누군가 그분을 주인공으로 소설을 썼으면 좋겠다.

038. 회룡포 물돌이

2001. 8. / NOBLEX PRO 06/150

영월 한반도면의 한반도지형만큼이나 유명한 물돌이가 바로 이곳 회룡포이다. 원래 지명은 의성포였으나 의성군의 의성과 혼동될 수 있다고 하여 회룡포로 바꾸었다고 한다. 동에서 서로 흐르던 내성천이 이곳 회룡포 마을을 빙돌아 서에서 동으로 흐르다 다시 원래 방향으로 흐르면서 마을을 빠져 나간다. 회룡포는 예천군 용궁면 대은리에 속해 있는데, 용궁면 소재지로 가려면 하천을 건너야 한다. 육로로 이곳에 오려면 개포면 소재지에서 내성천 제방을 따라 들어오면 된다. 전체적인 형상은 강원도 홍천의 금학산에서 보는 수태극과 비슷하다.

아마 이곳 때문에 카메라 렌즈를 다시 구입한 아마추어 사진가도 꽤 될 것 같다. 회룡포의 조망점인 비룡산의 회룡대에서 회룡포를 담으려면 35mm 카메라의 24mm 렌즈로도 모자란다. 그러나 이보다 더 광각인 렌즈를 사용하면 왜곡도 왜곡이려니와 잡스러운 주변이 너무 많이 포함된다. 이 사진은 렌즈회전식 중형 파노라마카메라, 노블렉스로 찍은 것이다. 파노라마카메라로 찍기에는 사물이 너무 가까워 주변의 외곡은 어쩔 수 없지만, 모래톱, 하천, 주변의 산지가 회룡포를 오롯이 감싸고 있는 모습이 정겹다. 요즘 같으면 디지털카메라로 여러 장을 겹쳐 찍고는, 소프트웨어로 파노라마 사진을 합성하면 된다. 디지털 기술만은 참 좋은 세상이다.

039. 삼강주막

2010. 9. / CANON 5D MARK II

삼강주막은 경상북도 상주시 풍양면 삼강리, 낙동강 본류의 남안에 위치해 있는 옛 주막, 아니 정확하게 이야기하자면 옛 주막을 현대식으로 복원한 관광지이다. 이곳 삼강리는 금천과 내성천이 낙동강과 합류하는 곳으로, 낙동강을 건너 남쪽과 북쪽을 연결하던 삼강나루터가 있던 곳이다. 조선 시대 주요 교통로였던 영남대로 구간은 아니지만, 1900년대까지 장날이면 하루에 30번 이상 나룻배가 다녔던 교통의 요지였다. 이곳에는 보부상과 사공들의 숙소가 있었고, 주막도 하나 있었으나, 1934년 대홍수로 주막을 제외한 나머지 건물이 모두 떠내려갔다.

인터넷에서 찾아보면 과거 삼강주막 사진을 볼 수 있다. 슬레이트 지붕에 흙벽으로 된 3칸 집 툇마루에 앉아 담뱃대를 물고 있는 마지막 주모의 모습을 볼 수 있다. 사진 속 500년 된 회화나무를 그 사진에서도 볼 수 있으므로 복원된 회화나무 아래 주막은 원래 자리를 잡고 있는 듯하다. 현재 삼강나루터 자리에는 59번 국도의 4차선 삼강교가 지나고 있으며 이 사진은 그 다리 위에서 촬영한 것이다. 복원된 관광지에서 흔히 볼 수 있는 어색함은 차치하고, 흩어져 있는 청색 플라스틱 의자는 봐주기 힘들다. 이 다리를 지나 용궁면 소재지를 거쳐 회룡포로 갈 수 있다.

040. 청도 흰덤봉에서 본 구하도

2008. 1. / CANON POWERSHOT G9

경상남도 양산, 밀양 일대에는 1,000m 이상의 높은 산지가 연속적
으로 이어지면서 거대한 산체를 이루고 있다. 현지 산악인들이 이
산체를 영남 알프스라 부르면서, 이제 하나의 고유명사가 되었다.
이 산체의 한쪽 가지는 가지산1,240m−운문산1,188m−억산944m−구
만산785m−육화산675m으로 이어지면서, 경상북도 청도군과 경상남
도 밀양시의 경계를 이룬다. 이 사진은 구만산−육화산 능선에 위치
한 흰덤봉 부근에서 북서쪽을 향해 청도군 매전면 온막리 구하도를
촬영한 것이다. 가운데 흐르는 하천은 운문댐에서 흘러나온 동창천
인데, 하류로는 청도천과 밀양강으로 이어진다. 하천 건너 오른편
에 구하도와 미앤더코어가 나타난다.

이 사진집에서 울릉도 사진들을 제외한다면 대구시와 경상북도의
사진이 극히 소략하다. 경상북도는 명절, 제사, 생신 등으로 수없이
찾던 곳이나, 카메라를 지니고 이 지역을 다닌 적이 많지 않다. 특별
한 이유는 없지만 굳이 설명하지면, 〈나와바리〉 때문이 아닌가 한
다. 고상한 우리말로 한다면 '구역' 정도가 되겠지만. 대구에는 지
리학 관련학과가 4군데나 있으며, 같은 전공을 공부하는 사람도 5
명가량 된다. 그러니 그곳을 돌아다니며 사진 찍고, 논문이라도 쓸
양이면 괜한 눈총을 받을 수 있다. "너네 동네나 잘해라"라고. 지리
학은 지역성을 바탕으로 하는 공부라, 의외로 지역적 배타성이 강
하다.

041. 금정산성

금정산성은 남쪽 상계봉638m에서 금정산 정상인 북쪽 고당봉801m까지, 고위평탄면에 위치한 산성 마을을 빙 둘러싸고 있는 타원형의 석성으로, 원래 길이는 17km였으나 현재 4km만 남아 있다. 허물 어진 기존의 석성을 임진왜란과 병자호란을 겪고 난 이후인 숙종 29년1703에 재건한 것이다. 그 뒤 1707년 성이 너무 넓다는 이유로 남북 두 구역으로 구분하는 중성中城을 쌓았는데, 현재도 그 흔적 이 남아 있다. 금정산은 도심과 인접해 있어 부산시민들이 즐겨 찾는 산으로, 등산객이 늘어나면서 등산로 곳곳이 황폐화되어 복원사업이 계속되고 있다.

사진에서 보듯이 1.5~3m 높이의 석성은 왼편 완경사지와 오른편 급경사지의 경계부를 따라 쌓여 있다. 석성을 쌓는 데 사용한 돌은 능선을 따라 늘어서 있는 암괴지형학 용어로 토어(tor)의 암석과 일치한다. 인수봉처럼 거대한 암괴를 드러내는 수도권 주변의 대보화강암과는 달리 이곳 불국사화강암은 능선을 따라 소규모의 암괴들이 드러나 있다. 혹자는 노인의 치아와 아기의 치아로 비유하는데, 암석 차이도 있겠으나 대보화강암이 불국사화강암보다 훨씬 이전의 것이기 때문일 수 있다. 금정산의 대표 사찰인 범어사 주변에는 이들 암괴에서 비롯된 암괴류가 잘 나타난다.

042. 동래성 북장대에서 본 동래구 일대 2004. 7. / MAMIYA 7II

동래성은 1592년 임진왜란 초기, 부산진성 전투에 이어 두 번째 전투가 있었던 곳이다. 동래부사 송상현은 고니시 유키나가가 지휘하는 왜군의 공격을 막다가 장렬하게 전사하였으며, 동래성은 그때 함락되었다. 그 이후 왜군은 파죽지세로 한양을 향해 진격했다. 당시 주고받았다는 글귀는 아직도 회자되고 있으며, 전투를 앞둔 장수의 결연한 의지를 엿볼 수 있다.

싸우겠다면 싸울 것이나, 싸우지 않으려면 길을 빌려달라 / 戰則戰矣不戰則假道

싸워 죽기는 쉬우나, 길을 빌리기는 어렵다 / 戰死易 假道難

지형도를 통해 과거를 복원해 보면 동래성터의 북쪽과 동쪽은 북장대와 동장대로 이어지는 야트막한 산이 감싸고 있었고, 평지로 열려 있는 남쪽과 서쪽은 현재의 온천천이 휘감고 있는 모습이었을 것이다. 최근 지하철 4호선 건설 당시 수안역 부근에서 유골과 녹슨 병장기들이 동래성 해자에서 발굴되었고, 이를 전시하기 위해 수안역사에 임진왜란 역사관이 꾸며져 있다. 이 사진은 북장대에서 남서쪽으로 부산시청 청사가 있는 연제구 쪽을 바라본 것이다. 아래쪽 구릉지는 복천동 고분발굴지이며, 왼편에 중계탑 2개가 우뚝 서있는 산이 황령산이다.

043. 중앙공원 충혼탑 ←

중앙공원은 부산항과 구도심에 인접해 있는 공원으로, 6 · 25전쟁 당시에는 보수산과 대청산 일대에 피난민들이 판자촌을 이루고 살던 곳이다. 처음 공원으로 조성할 당시는 대청공원이라 불리다가, 충혼탑을 건립한 1986년부터 중앙공원으로 개칭되었다. 중앙공원에는 충혼탑을 비롯해, 중앙도서관과 부산광복기념관 등이 있다. 한편 부마민주항쟁 20주년을 기념하면서 1999년에 공원 남쪽 보수산 정상에 새로이 민주공원이 조성되었다. 공원 속의 공원, 다시 말해 중앙공원 안에 다시 민주공원이 조성된 것이다. 민주공원에는 민주항쟁기념관이 들어서 있다.

사진에 있는 충혼탑은 부산 출신 군경전몰자를 추모하기 위해 만들어졌는데, 중앙공원에서 가장 높은 곳에 위치해 있고 그 높이가 70m나 되어 구도심 어디서나 쉽게 볼 수 있다. 마찬가지로 충혼탑 주변과 각종 기념관 건물의 옥상은 부산항을 제대로 볼 수 있는 좋은 전망대 구실을 하고 있다. 최근 용두산공원에 있던 4 · 19혁명 위령탑이 이곳으로 옮겨졌다. 이곳에는 충혼탑, 광복기념관, 독립운동가 동상, 4 · 19혁명 위령탑, 민주항쟁기념관, 민주공원, 해군전승비 등 다양한 건물과 기념물이 있다. 이 모두 우리 근대 역사의 소중한 발자취이기 때문에, 여기에 보수와 진보라는 이분법적 잣대를 들이대는 것은 무의미하다.

044. 부산항 · 1 →

근대사를 돌이켜보면 19세기 초반 코카서스에서 시작된 영국과 러시아의 그레이트 게임은 계속 그 게임 공간을 동쪽으로 옮기면서 20세기 초반 동북아시아에서 러일전쟁을 끝으로 막을 내린다. 1898년 제정러시아는 부동항을 얻기 위한 하나의 방편으로 대한제국에게 절영도현재 영도를 자국 해군의 석탄고 기지로 조차하겠다며 대한제국에게 압박을 넣었다. 대한제국은 이에 동의하여 승인 절차를 밟던 중, 독립협회가 대규모 만민공동회를 열어 러시아의 침략 정책에 격렬하게 반대한다. 그 후 마산항 조차, 영일동맹, 영암포 사건을 거쳐 러일전쟁으로 치닫는다.

영도는 1934년 영도대교가 건설되면서 도심의 배후지 기능을 맡게 되었고, 6.25전쟁으로 부산에 몰려온 피난민들이 대거 영도에 정착하면서 또 한 번 크게 탈바꿈 한다. 북항을 가로질러 감만동과 영도를 연결하는 북항대교가 완공되면, 신설된 남항대교와 함께 부산 도시 교통의 새로운 중심지가 될 것으로 예상된다. 사진 왼편 중앙에 커다란 배가 정박해 있다. 이곳 한진중공업은 우리나라 최초의 근대식 대형 조선소였던 대한조선공사를 인수하여, 현재 운영 중이다. 한진중공업 뒤에 보이는 섬은 연륙된 조도아치섬인데, 이곳에 한국해양대학교가 있다.

045. 부산항 · 2

2004. 10. / MAMIYA 7II

부산항은 1876년 일본과의 제물포 조약에 의거해 제물포항, 원산항과 더불어 개항되었다. 그 이후 1945년 해방될 때까지 현재 북항재개발사업이 추진 중인 1, 2부두를 비롯해 3, 4부두가 완공되었다. 사진 오른쪽 가까이 있는 부두가 3부두이며 그 옆으로 계속해서 4, 5, 6부두가 있고, 맞은편에 7부두와 8부두가 보인다. 각 부두마다 하역하는 화물이 다른데, 사진 정면에 컨테이너를 하역하고 있는 부두가 5, 6부두이고, 일명 자성대부두라 한다. 사진은 중앙공원에서 동쪽을 바라다보면서 촬영한 것으로, 맑게 갠 초여름의 전형적인 부산 날씨이다.

부두와 평행하게 한 줄로 늘어선 높은 건물들 사이로 도심을 관통하는 간선도로7번 국도의 연장, 지하철, 경부선 철도, 부두 길이 달리고 있다. 경부선의 최종 종착지인 부산역은 건물에 가려 보이지 않으나 3부두 부근에 있다. 또한 늘어선 건물들은 대개 조선, 해운, 금융, 무역과 관련 있는 기업들이 입주해 있다. 사진 왼편 산 정상에 중계탑이 둘 있는데, 가까운 것이 황령산이고 그 뒤가 금련산이다. 금련산 너머로 보이는 높은 산이 해운대 뒷산인 장산이며, 해운대 북쪽 달맞이고개에 따닥따닥 붙어 있는 주택들이 아스라이 보인다.

046. 안창마을

2009. 3. / MAMIYA 7II

부산의 마지막 달동네인 안창마을은 도심에서 바로 이어지는 자그마한 분지에 입지해 있다. 도심 속 작은 섬처럼 주변 경관과는 대조를 이루는 이곳은 분지 안쪽 끝이라는 의미로 안창이라는 마을 이름이 지어졌다. 이곳은 6.25전쟁 때 피난 온 사람들이 한 채, 두 채 지은 판자촌이 현재의 모습으로 이어졌다. 사진에서 보듯이 슬레이트 지붕의 푸른 색과 집집마다 지붕 위에 놓인 또 다른 푸른 색의 물탱크가 이채롭다. 이곳에서 카메라를 들이댈 때마다 마음이 짠하다. 게다가 내가 하고 있는 일이 제국주의적 호기심의 연장이 아닌가 늘 되묻고는 한다.

자동차나 버스로 이 마을에 오려면 사진 정면의 시가지서면 쪽에서 진입해야 한다. 사진 한 가운데 보이는 버스는 이곳으로 오는 마을버스인데, 오른편 숲 사이의 나지막한 계곡을 따라 나 있는 도로를 따라 지하철 1호선 범일역까지 간다. 하지만 이 사진은 중앙공원에서 구봉산과 수정산을 오른 후 동의대학교로 내려오면서 촬영한 것이다. 수정산 하산 길인 동의대학교와 이곳 안창마을 사이에는 철조망이 쳐져 있지만, 당연하게 있는 개구멍으로 들어가면 이 사진을 촬영한 조망점에 도착한다. 여기에 오면 이것저것 여러모로 늘 조심스럽다.

광안대교를 한눈에 볼 수 있는 곳은 금련산천문대가 있는 부산청소년수련원일 것이다. 하지만 금련산이나 황령산 정상에 도착하면 능선에 가로막혀 광안대교 조망이 신통치 않다. 황령산 정상에서 문현동 쪽으로 난 능선을 따라 15분가량 가면 사자봉에 오른다. 거기서 조금만 더 가다가 내리막길 초입에 들어서면, 부산항의 전경이 눈앞에 펼쳐진다. 만 전체가 부두로 개발된 상태이지만 늘어나는 물동량을 감당할 수 없어 새로이 신항을 건설하였다. 현재 부산항과 신항의 물동량은 반반 정도이지만 점점 신항의 비중이 높아짐에 따라 부산항의 새로운 변신이 기대된다.

오른편 저 멀리에 영도와 남부민동을 잇는 남항대교가 보이고, 좁은 해협 사이로 영도다리와 부산대교가 보인다. 사진 앞쪽으로 여객터미널, 북항재개발사업이 한창인 1, 2부두, 삐죽이 내민 3, 4부두, 붉은색 크레인이 보이는 컨테이너 전용부두인 5, 6부두가 연이어 있다. 방향을 틀어 7, 8부두가 있지만 규모가 작아 구분이 쉽지 않다. 사진 가운데 하늘색 건물이 제강 공장인 유니온스틸인데, 그 앞이 감만부두이다. 여기서 영도를 연결하는 북항대교가 공사 중인데, 북항대교 주탑 2개가 눈에 띈다. 왼편 끝에 있는 것이 신선대 컨테이너 전용 부두이다.

048. 이기대와 광안대교 →

2011. 4. / PENTAX 645D

광안리해수욕장에서 바라보는 광안대교는 부산의 대표적인 관광 아이콘이다. 게다가 해변을 따라 늘어선 카페거리와 민락공원 부근의 횟집거리는 젊은이들뿐만 아니라 부산을 찾은 모든 이들을 매료시키는 광안리만의 독특한 경관이다. 매년 가을 수십만의 인파가 몰려드는 세계불꽃축제는 광안리가 지닌 매력의 결정판이다. 이 사진에서는 일반인의 시각과 반대로 이기대에서 광안리해수욕장, 광안대교, 센텀시티, 장산, 동백섬 누리마루, 해운대와 달맞이고개를 바라보았다. 부산을 바라보는 또 다른 시점이라 외지인들이 부산이라는 공간을 이해하는 데 도움이 될 것 같다.

사진을 촬영한 곳은 이기대 백련사 위 산불감시초소 부근으로 해발고도는 100m 정도에 지나지 않지만, 이곳에서는 부산의 대표적인 해변 풍광들을 볼 수 있다. 백련사까지는 산길이 잘 나 있으며, 그 위 정상까지도 쉽게 접근할 수 있다. 이기대는 최근 각광을 받고 있는 부산의 새로운 도시자연공원인데, 1993년까지 군사작전지역이라 민간인의 출입이 통제되었던 곳이다. 해안을 따라 펼쳐진 절벽과 평탄한 해안파식대로 이어지는 해안산책로는 부산시민들의 휴식처일 뿐만 아니라, 인접한 장산봉225m 산책길과 연계해서 외지 관광객들도 많이 찾는 곳이다.

"도대체 어딜 가야 낙동강 삼각주를 시원하게 볼 수 있습니까?" 다른 지리학자들이 이런 질문을 할 때마다 나의 답은 하나다. "부산에는 얼마나 머물 건데?" 낙동강 삼각주는 길이 20km, 폭 10km 가량 되는 우리나라 단일 지형 중 최대 규모이다. 그러니 높은 산에 오르지 않고는 삼각주 전체를 조망할 수 없다. 이 사진은 동아대학교 뒷산인 승학산 497m 정상에서 하구 쪽으로 촬영한 것이다. 동아대학교 구내에서 가장 높은 곳이 해발 150m 가량 되니, 자동차로 이곳까지 오더라도 나머지는 스스로 올라야 한다. 고도를 350m 더 올리려면 적어도 1시간은 걸린다.

하구둑과 연결된 하중도는 일웅도이고 연이어 아래쪽에 붙어 있는 섬이 을숙도이다. 을숙도에는 낙동강 하구 에코센터가 있으며 자연습지가 잘 보존되어 있다. 다시 다리를 건너면 삼각주의 본섬인 명지도에 도달한다. 명지도 말단부에 건물이 하나 있는데, 이곳이 명지주거단지 예정 부지이다. 이 사진은 공사가 시작되기 전에 촬영한 것으로, 명지주거단지는 현재 완공되어 주민들이 살고 있다. 삼각주 하단에는 해안사주가 길게 늘어서 있고, 그 너머 가까이 있는 섬이 가덕도이고 멀리 희미하게 보이는 산맥은 거제도이다. 사진의 오른편 상단은 아직 개발되기 전의 신항 부지이다.

050. 가덕도 응봉산에서 본 연안사주 ➡

2011. 10. / PENTAX 645D

가덕도는 김해시 용원동, 부산시 송정동 해안과 마주하는 섬으로 낙동강 하구의 서쪽 경계이다. 1989년 부산시로 편입되었지만 섬 전체가 산지로 이루어져 있고 해안 역시 가팔라 대부분의 주민은 수산업에 종사하고 있다. 최근 이 섬은 두 번의 큰 변화를 맞았다. 하나는 육지와 가덕도 사이에 기존의 부산항을 대신할 부산신항만이 건설된 일이다. 2006년에 개장된 부산신항만은 이제 우리나라 최대의 컨테이너 항구로 성장하고 있다. 다른 하나는 2011년 완공된 가덕도를 통과하는 거가대교인데, 이로 인해 부산과 거제가 점차 단일 생활권으로 바뀌고 있다.

이 사진은 가덕도 동북쪽 해안에 있는 매봉산232m 정상에서 낙동강 하구 쪽으로 촬영한 것이다. 낙동강 하구에는 동서방향으로 해안선과 평행하게 발달한 해안사주가 나타난다. 해안사주는 바다로 유출된 모래가 파랑에 의해 육지 쪽으로 밀어붙여져서 형성된 것이다. 이 지역에서는 해안사주를 '등'이라 하는데, 옥림등, 나무싯등, 새등이 그 예이다. 사진에서 왼편 가까이 있는 섬이 진우도이고 그 옆에 있는 것이 신자도새등이다. 1987년 낙동강 하구둑이 막히면서 해안사주의 파괴를 걱정하기도 했으나, 오히려 등과 간석지가 새로 생겨나고 그 면적도 늘어나고 있다.

051. 천왕봉에서 본 지리산 주능선

2005. 5. / MAMIYA 7Ⅱ

지리산 천왕봉은 남한 육지부에서 가장 높은 산이며 백두대간의 종착점이다. 천왕봉 정상의 고도는 지금까지 1,915m로 알려져 왔으나, 최근 국토지리정보원에서 발행한 1 : 25,000 지형도에는 1,907m 로 나와 있다. 주능선은 대략 동서방향으로 달리고 있고, 그에 직각방향으로 뱀사골, 피아골, 거림골, 칠선계곡, 한신계곡, 중산리계곡이 지나고 있다. 저 멀리 노고단1,507m 끝이 보이므로, 주능선 왼쪽 에 구름의 고도는 1,500m에 조금 못 미친다. 주능선에서 1,500m 이하인 벽소령 부근과 화개재 부근 이 구름에 가려 있지만 구름 덕분에 지리산 주능선이 오히려 잘 보인다.

이 사진은 천왕봉 정상 부근에서 아기 궁둥이처럼 생긴 반야봉1,732m을 바라보고 지리산 주능선을 촬영한 것이다. 사실 반야봉은 지리산 주능선에서 북쪽으로 약간 비켜나 있다. 아마추어 산악인이 보 통 2박3일에 완주하는 지리산 종주 코스성삼재 – 천왕봉는 사진에서 보는 바로 이 능선을 지난다. 주 능선에는 국립공원관리공단이 예약제로 운영하는 대피소가 5군데 있으나, 어디까지나 대피소이지 산장은 아니다. 반야봉 뒤 왼편에 뾰족하게 나온 것이 노고단이며, 오른편 멀리 주능선과 직각방향으 로 달리는 능선에서 가장 높은 산이 만복대1,433m이다.

052. 지리산 세석평전

2005. 5. / MAMIYA 7II

대략 1,500m 고도에 있는 세석평전은 남한에서 가장 높은 고위평탄면이다. 사진에 보이는 붉은색 꽃이 핀 관목은 진달래인데, 철쭉은 6월 초가 되어야 완전히 핀다. 진달래 사이사이로 단정한 모습의 구상나무가 보인다. 이 구상나무는 국립공원관리공단에서 이 지역의 생태 복원을 위해 이식한 것이다. 야영이 허락되던 1990년대 중반경에는, 등산객과 야영객들의 무분별한 훼손과 군부대의 산악 훈련 등으로 세석평전이 완전히 황폐화되었다. 그 후 국립공원에서의 야영이 금지되고 산악인들의 자제와 국립공원관리공단 측의 적극적인 복원 사업 덕분에 현재의 모습에 이르렀다.

이 사진은 촛대봉1,704m에서 서쪽을 향해 찍은 것이다. 안부 낮은 곳에 있는 건물이 세석대피소이고 그 옆에 세석천 약수터가 있어 등산객들의 식수로 이용된다. 대피소 뒤에 있는 봉우리가 영신봉 1,652m이며, 그 뒤로 지리산 종주 코스가 계속 이어진다. 국립공원관리공단이 운영하는 대피소는 말 그대로 대피소이다. 과거 군대 내무반을 연상케하는 나무 침상에 달랑 모포 한 장을 지급한다. 식사까지는 바라지 않는다. 하지만 세석대피소 고도의 2배가 넘는 말레이시아의 키나발루에서도, 일본의 야리가다케에서도 가능했던 깔끔한 침구와 온수 샤워를 바라는 것은 너무 과한 일일까?

053. 화왕산 고위평탄면

대구–마산 간 고속도로를 한때는 구마고속도로라 했지만, 지금은 여주–충주–문경–상주–구미–현풍–마산으로 이어지는 45번 중부내륙고속국도의 한 구간으로 바뀌었다. 이 고속국도를 따라 현풍에서 창녕을 지나 남지까지 가다 보면 왼편에 높은 산들이 도로와 평행하게 줄지어 달리는 것을 볼 수 있다. 물론 오른편에도 이와 평행하게 달리는 산맥이 있지만, 그 사이에 폭 20km가 넘는 구릉지가 펼쳐져 있어 멀리 아득하게 보인다. 홈통처럼 생긴 두 산맥 사이의 구조곡을 따라 낙동강이 흐르며, 이 고속도로 역시 평탄한 직선상의 구조곡을 따라 건설된 것이다.

현풍 부근의 비슬산1,084m을 지나면 산맥의 고도가 낮아지나 창녕에 이르면 다시 높아져 우뚝 솟은 산이 나타나는데, 바로 화왕산756m이다. 일견 급경사의 능선으로 이어진 것처럼 보이나 산 정상에는 고위평탄면이 나타난다. 평탄면을 향해 하천들의 두부침식이 왕성하게 진행되어 평탄면 가장자리는 급경사의 절벽으로 둘러싸여 있다. 게다가 절벽 가장자리를 따라 놓여진 화왕산성은 임진왜란 당시 곽재우 장군의 거점으로 이용되었다고 한다. 정월대보름이면 이곳 억새밭에서 억새태우기 축제가 벌어졌는데, 2009년 화재로 인한 참사로 중단되었다.

054. 창녕 교동고분군

2004. 6. / MAMIYA 7II

창녕군의 지세를 살펴보면 동쪽은 높은 산지로 막혀 있고 남쪽과 서쪽은 낙동강 본류가 휘감고 있어 오로지 북쪽만이 구조곡을 따라 대구 쪽으로 이어진다. 갑오개혁 직후 1895년에 실시된 지방 행정 구역 개편에서 조선 8도를 23부 337군 체제로 개편하였다. 경상도 역시 몇 개의 부로 나뉘었는데, 대구를 중심으로 대구부가 만들어졌다. 대구부는 23개의 군으로 이루어졌는데, 그중 영산군, 창녕군, 밀양군, 3군은 현재 경상남도에 속하는 것이다. 다음 해인 1896년에 23부가 13도로 바뀌면서 창녕군과 영산군이 창녕군으로 합쳐져 경상남도로 편입되었다. 하지만 예나 지금이나 창녕은 경남보다는 대구와 가깝다.

사진 왼편의 주거지는 창녕읍 시가지이다. 밀양청도으로 가는 24번20번 국도를 타고 시가지를 벗어나면 바로 교동고분군에 이른다. 이 고분군은 김해 대성동고분군, 대구 달성고분군, 고령 지산동고분군, 함안 말이산고분군과 더불어 대표적인 가야 시대 고분군이다. 이들 고분군은 큰 도회지 인근에 있으며, 봉토분들은 야산의 능선을 따라 집단적으로 늘어서 있다. 고분군 뒤로 100~200m 높이의 구릉지가 펼쳐져 있고, 그 뒤로 높은 산지가 연속적으로 달리고 있다. 구릉지로 된 구조곡을 따라 낙동강이 지나며, 왼편 멀리 높은 산은 의령의 자굴산이다.

055. 금정산맥 능선에서 바라본 양산단층 2011. 5. / PENTAX 645D

일광, 울산, 양산, 배내, 밀양, 이들은 한반도 동남부를 평행하게 달리는 단층들이다. 최근 원자력발전소 건설과 관련하여 이들 단층들에 대해 집중적인 조사가 이루어졌다. 그 결과 신생대 제4기 퇴적층을 자르는 단층들이 곳곳에서 발견되어 최근까지 활동을 계속한 활단층으로 간주되고 있다. 사진 한가운데 길게 이어지는 구조곡단층선곡을 따라 양산시가지가 펼쳐져 있다. 평행한 단층선을 따라 일련의 단층선곡들이 만들어지면, 그 사이 산지들 역시 평행하게 달린다. 사진 오른쪽 천성산맥과 금정산맥은 울산단층과 양산단층 사이에 있고, 사진 왼쪽 영축산–신불산으로 이어지는 영남 알프스는 양산단층과 배내단층 사이에 있다.

이들 산맥과 단층선곡들은 지도나 구글어스 등에서 제공하는 위성사진으로부터 쉽게 확인할 수 있다. 그러나 그 규모와 연속성이 어느 정도인지 실감하기란 쉽지 않다. 규모란 3차원으로 확인할 때만이 뚜렷하게 인지될 수 있는 형상적 특징이라, 이를 위해서는 아주 높은 곳에서 비스듬하게 바라볼 수 있는 조망점이 필요하다. 고속도로 양산휴게소에서 금정산맥 쪽을 바라보면 삐죽이 내민 암봉이 하나 있다. 암봉은 능선 바깥쪽으로 위험스럽게 튀어나와 있으나, 접근이 용이하고 그 위가 제법 널찍해 휴식을 취하면서 조망하기에 큰 불편은 없다.

056. 함양 활단층 노두 ←

2001. 8. / NIKON N90S

활단층이란 최근신생대 제4기 이래 발생한 단층을 말하며 구조물, 특히 원자력발전소 등을 건설하고 유지할 때 유념해야 할 사항이다. 고리, 월성, 울진, 영광, 이들 4곳의 원자력발전소 중 영광원자력발전소를 제외하면 모두 동해안, 그것도 양산단층 부근에 있다. 최근 원자력발전소의 안전 문제가 지역 주민들과 시민단체들에 의해 제기되면서 이에 대한 집중적인 조사가 진행되었다. 그 결과 양산단층의 활동성에 관해 많은 사실들이 밝혀졌다. 그중 경주시 암곡동 소재 왕산단층은 현재까지 찾아낸 최대 변이의 역단층으로, 상반이 16m나 올라갔다.

활단층을 확인하는 방법은 여럿 있으나, 그중에서 가장 쉽고 육안으로도 식별이 가능한 것은 바로 제4기 퇴적층의 변이를 확인하는 것이다. 만약 고화되지 않은 제4기 퇴적층이 단층으로 잘려 있다면 그것은 퇴적층이 만들어진 후의 변이이기 때문에, 활단층의 증거로 채택될 수 있다. 이 노두는 함양군 수동면에서 함양읍으로 가는 1084번 지방도 도로변에서 발견한 것이다. 수직변위는 1m에 못 미치지만, 단층선을 따라 흑갈색의 단층점토가 나타나고 지층이 끌린 드래그drag 현상도 확인된다. 단층점토란 단층선을 따라 응력이 집중됨으로써 만들어진 것이다. 사진 속 인물은 지금 어디서 무얼하고 있을까?

057. 영남 알프스 신불능선 →

2009. 10. / CANON 5D MARK II

양산단층 구조곡을 따라 경부고속국도 부산−경주 구간을 달리다 보면 양편으로 남북방향의 험준한 산맥이 나란히 달리고 있다. 특히 상행선 왼편에는 남쪽으로부터 영축산1,081m−신불산1,159m−간월산1,069m−가지산1,241m 등 1,000m가 넘는 산릉이 이어져 있다. 영남 알프스란 지역 산악인들이 이 산릉과 이 산릉의 서쪽에서 평행하게 달리고 있는 재약산1,119m−천황산1,189m 산릉 그리고 이들 산릉과 북쪽에서 직교하면서 동서방향으로 달리는 구만산785m−억산962m−운문산1,195m−가지산1,241m 산릉을 합쳐 부르는 이름이다.

사진에서 왼편 높은 곳이 신불산 정상이고 멀리 영축산 정상이 보인다. 두 산 사이의 평탄한 능선을 신불능선이라 하는데, 오르기는 어렵지만 일단 오르면 장쾌한 산릉이 등산객들을 반긴다. 능선 너머로 희미하지만 나란히 달리는 또 다른 능선을 볼 수 있다. 바로 양산단층 구조곡 건너편의 천성산맥이다. 완만한 서쪽 사면에 비해 동쪽 사면은 급경사이다. 이러한 구조는 양산단층과 평행한 모든 단층에서 확인할 수 있다. 일반적으로 양산단층을 주향이동단층이라 하지만, 연속된 급경사의 동쪽 사면으로 판단하건대 동해 쪽으로 내려앉은 계단단층일 가능성도 있다.

 천성산 고산습지 화엄늪   2008. 5. / SONY R1

양산 단층선곡을 사이에 두고 영남 알프스 건너편에는 천성산921m에서 정족산748m으로 이어지는 천성산맥이 달리고 있다. 원래 이 산은 원효산이라 불렸으나 천성산의 주봉이 되었고, 그 북동쪽에 있는 이전의 천성산813m은 천성산 제2봉으로 바뀌었다. 사진에서 평탄면은 천성산 정상 남서쪽에 넓게 펼쳐져 있는 화엄늪이다. 이러한 고산습원은 산정에 고위평탄면이 잘 나타나는 영남 알프스와 천성산맥 곳곳에서 볼 수 있다. 이곳 토양은 이탄질과 부식질로 된 습지토양인데, 여기에 서식하는 다양한 동식물들로 인해 독특한 생태 환경을 유지하고 있다.

천성산은 환경 분쟁의 전형적인 예이다. 천성산을 관통하는 원효터널 공사 때문에 이곳 화엄늪과 반대편의 밀밭늪이 마르고 생태계가 파괴된다며 도롱뇽을 원고로 하여 지율스님과 환경 단체가 공사 착공금지소송을 냈던 곳이다. 지리한 소송 끝에 원고는 패소하고, 공사는 완공되었다. 도롱뇽이 사멸했는지는 알 수 없지만, 오늘도 KTX 열차는 원효터널을 통과해 천성산 밑을 지나고 있다. 고산습원은 기본적으로 토양수가 모여든 와지이기 때문에 기반암 밑 수백미터 지하에 있는 터널과는 상관없다. 감상적 환경지상주의도, 어설픈 과학만능주의도, 지구를 구해야겠다는 또 다른 자만도 우리 모두 경계해야 할 것이다.

 양산 고위평탄면

북북동–남남서 방향의 양산단층과 배내단층 사이로 영축산1,081m–신불산1,159m–간월산1,069m으로 이어지는 영남 알프스 산릉이 달리고 있다. 이 산릉은 남쪽으로 계속 연장되어 낙동강 하안의 오봉산533m까지 계속 이어지는데, 산릉의 길이가 무려 40km에 달한다. 언양에서 밀양 산내로 가는 석남고개가 이 산릉의 북쪽에 있지만, 실질적으로 이 산릉을 넘는 고개는 단 한 곳밖에 없다. 양산시 어곡동과 원동면 대리를 잇는 바로 이곳 어곡고개인데, 고개 높이는 730m 가량 된다. 이처럼 고개가 없는 것은 동사면의 경사가 매우 급하고 고도 또한 높기 때문일 것이다.

이 사진은 에덴벨리리조트가 개발되기 이전인 1990년대 후반의 모습이다. 산정에 나타나는 완경사지는 고위평탄면으로 판단되는데, 목장으로 이용되고 있었다. 하지만 현재 이곳에는 에덴벨리CC가 개발되었고, 그 서쪽 사면을 따라 에덴벨리 스키장이 개장되었다. 고산에 개발된 골프장이라 계절에 따른 장단점이 있겠지만 스키장은 겨울 스포츠의 불모지나 다름없는 남쪽 지방에서 획기적인 시설로 각광을 받고 있다. 스키 슬로프가 북서향에다 고도가 높은 것이 큰 몫을 한 것 같다. 하지만 고개를 넘는 도로는 경사가 급하고 안전시설이 미비해서 교통사고의 위험이 상존해 있다.

060. 박유산에서 본 가조분지 ←

2006. 11. / NOBLEX PRO 06/150

학창 시절 모 지형학 교수의 강의 내용 중에서 오직 한 가지만은 아직도 생생하게 남아 있다. 산간분지에 대한 독특한 설명인데, 기억을 더듬어 그분의 말씀을 정리해 보면 다음과 같다.

"지형을 이해하는 방법은 다양하다. 하지만 한반도의 지형 중에서 가장 두드러진 특징은 산간분지이다. 산간분지들은 마치 염주알을 뿌려 놓은 것처럼 흩어져 있는데, 자세히 보면 하천들이 이들 염주알을 실처럼 꿰고 있다. 분지 바닥을 흐르는 하천은 경사가 완만하지만, 분지와 분지 사이의 하천은 급경사를 이루고 있어 상류와 하류의 분지 사이에는 고도차가 뚜렷하다."

산지가 많은 우리나라 내륙을 위성사진으로 보면 마치 머리에 버짐이 폈거나 원형탈모증이 걸린 양 밝은 부분이 나타난다. 이러한 곳들은 주변에 비해 경사가 완만해서 농경지와 주거지가 밀집해 있는데, 대부분 산간분지들이다. 이곳 가조분지는 거창군 가조면에 있는 대표적인 산간분지로, 가천천이 흐르는 남북방향의 구조선사진에서는 좌에서 우과 이에 교차하는 88고속도로가 지나는 동서방향의 구조선이 만나는 곳에 발달해 있다. 사진을 촬영한 곳은 분지의 서남쪽 외륜산인 박유산712m으로, 무척이나 가팔라서 오르기가 쉽지 않다. 분지 바닥에는 가조온천이 있다.

061. 진례분지 →

2004. 10. / MAMIYA 7II

이곳 진례분지는 관입한 화강암이 차별침식을 받아 형성된 전형적인 침식분지인데, 출수구만 있는 원형의 분지라 전체적으로 구심상求心狀 하계망을 보인다. 남쪽 외륜산은 용지봉744m과 대암산670m으로 둘러싸여 고도가 높지만 서쪽과 동쪽의 능선은 북쪽으로 가면서 낮아져 출수구 부근의 외륜산 고도는 100m 정도에 불과하다. 따라서 분지를 관류하는 하천은 남에서 북으로 흐른다. 출수구를 벗어난 화포천은 낙동강의 배후 습지인 화포천 습지로 유입된다. 노무현 대통령 생가 앞을 흐르는 용성천도 화포천 습지로 유입하는 또 다른 하천이다.

산간분지는 예로부터 농업 활동의 중심지인 동시에 주변을 관할하는 행정중심지가 있던 곳이다. 진례분지는 낙동강 최하류에 있지만 분지의 형태나 기능은 여느 산간분지와 다르지 않다. 사진 왼편 끝 아파트 몇 채가 보이는 곳이 진례면 소재지이다. 이전부터 농업이 이 지역의 주된 산업이었지만 최근 진례분지는 급격한 변화를 겪고 있다. 부산, 김해, 창원과 같은 대도시에 인접해 있고 남해안고속도로가 지나가 교통이 편리하여 중소기업들이 몰려들기 때문이다. 사진은 만고개 가는 길에서 서쪽 능선을 바라다본 것으로, 이전 농촌 주거지에 작은 공장 건물들이 새로이 입지했다.

062. 황매평전

지금은 많이 개선되었지만 합천군은 여전히 교통의 오지이다. 그러나 다양한 지리학적 볼거리가 있어 개인적으로는 즐겨 찾으며 다른 이에게 가보라고 소개하는 곳이다. 이 책에서는 6군데를 소개할 예정인데, 시작이 이곳 황매평전이다. 황매평전은 황매산1,108m 남쪽에 펼쳐진 폭 500m 길이 800m 규모의 고위평탄면이다. 이 사진은 황매산 정상으로 가는 등산로에서 촬영한 것이다. 지금은 이곳에 전망대가 마련되어 있으며, 맑은 날 육안으로 남해 바다가 보인다. 평탄면에서 가장 높은 능선에 길이 나 있는데, 이를 경계로 왼쪽은 합천군이고 오른쪽은 산청군이다. 황매평전은 한때 밭으로 이용된 흔적은 있으나 확인할 길이 없고, 1990년대 말까지 소를 방목하던 목장이었다. 그 후 방치되다가 2000년대 들어서면서 영화나 드라마의 촬영지로 각광을 받았다. 넓기도 하거니와 주변에 별다른 인위적인 시설이 없어, 주로 시대극이나 전쟁 영화 촬영지로 이용되고 있다. 장동건, 원빈이 주연을 했던 "태극기 휘날리며"의 깃발부대 전투 장면도 이곳에서 촬영한 것이다. 1990년대만 해도 급경사의 비포장도로를 따라 이곳을 찾고는 했는데 이제 그 기억이 새롭다. 지금은 황매평전까지 포장된 길이 나 있고, 특히 늦봄에 황매평전에 철쭉이 만개하면 많은 상춘객들이 찾는다.

063. 대병고원 ➡

대병고원은 합천군 대병면에 소재한 남북 길이 4.3km, 동서 길이 3.2km의 소규모 고원으로, 악견산634m, 금성산592m, 허굴산682m에 둘러싸여 산간분지의 형태를 띠고 있다. 이 사진은 금성산 정상에서 동쪽을 바라다보고 촬영한 것으로, 왼편 바위산이 악견산이고 허굴산은 오른편에 있으나 보이지 않는다. 고원 중앙을 흐르는 금성천은 사진 왼편의 계곡을 지나 합천호로 이어지는데, 고원 대부분은 이를 통해 배수된다. 사진의 오른쪽 끝 부분은 산으로 막히지 않고 트여 있으며 주변 고원 바닥에 비해 낮은데, 이 지역은 금성천을 쟁탈한 황계천에 의해 배수된다.

대병고원이라는 명칭은 이곳에서 하천쟁탈에 관한 논문을 쓰면서 스스로 작명한 것이다. 합천 방면에서 급경사의 도로를 따라 이곳에 오르면 갑자기 평지가 나타난다. 산들로 둘러싸여 얼핏 보기에 산간분지로 보인다. 그러나 이 지역을 산간분지보다 고원으로 부르는 것이 타당한 이유는 다음과 같다. 급경사인 북, 남, 동쪽 사면을 따라 이 고원을 향해 두부침식이 활발하게 이루어지고 있고, 하천쟁탈의 결과 금성천과 황계천의 지류는 고원의 가장자리에서 경사변환점을 이루고 있으며, 고원 바닥에 곡중분수계가 나타나기 때문이다.

064.　합천호 ←

합천호는 합천댐이 만들어지면서 생긴 인공호수이다. 이곳은 산지로 둘러싸여 있지만 하천의 최상류 구간이 아니다. 합천호는 거창읍 소재지가 있는 거창분지와 합천읍 소재지가 있는 합천분지 사이를 잇는 황강의 계곡을 막아 만든 것이다. 따라서 합천호는 침수 면적에 비해 수심이 깊어 저수량이 많으며, 호수에는 붕어와 잉어, 메기 등 다양한 어종이 풍부하게 서식하고 있어 천혜의 낚시터로 손꼽힌다. 하지만 불법어구를 이용한 남획과 호수 주변 환경오염으로 어자원이 훼손되었고, 이를 해결하고자 2013년 12월 31일까지 내수면 어업 휴식년제가 실시되고 있다.

이 사진은 대병고원에 있는 금성산 정상에서 북쪽을 보고 촬영한 것이다. 합천호를 끼고 구불구불 도는 40km 길이의 호반도로는 자동차 여행의 새로운 명소로 각광을 받고 있지만, 호반을 따라 둘러가기 때문에 이 길이 주민들에게는 불편할 수 있다. 합천군과 거창군은 경상남도에 속하는 이웃한 군이며, 두 군의 소재지 사이는 직선거리로 30km가 채 되지 않는다. 하지만 두 소재지 사이에 합천호가 있고 도로 사정도 극도로 나빠 두 소재지를 오가는 데 1시간이 훨씬 더 걸린다. 사진에서 멀리 있는 능선은 거창 남쪽의 감악산951m 능선이다. 산 정상 감악평전에는 TV중계소가 세워져 있다.

065.　해발 110m에 위치한 황계폭포 →

합천읍에서 대병면으로 가다보면 대병고원 오르막길 직전에 왼편으로 황계폭포라는 안내판이 보인다. 해발 100m 고도에 폭포가 있어 보아야 별 것 아니겠거니 하면서 액셀러레이터를 밟고는 횡허케 지나가기 십상이다. 하지만 황계폭포는 이 고도에서 쉽게 볼 수 있는 폭포가 아니다. 주차장에서 걸어서 5분이면 도착할 수 있는데, 상단 15m, 하단 15m 모두 30m나 되는 웅장한 2단 폭포가 거짓말처럼 눈앞에 펼쳐진다. 폭우가 아니면 개울을 건너 사진 왼편에 보이는 계단을 통해 1단과 2단 사이에 있는 가로 세로 30m 가량 되는 반석에 올라 설 수 있다.

폭포 위를 흐르는 하천은 황강의 지류인 황계천이다. 황계천은 대병고원을 관류하는 금성천의 일부 지류를 쟁탈하여 대병고원 너머로 자신의 유로를 연장하였다. 폭포를 포함한 오른편은 섬장암이고 왼편은 경상계에 해당하는 원지층이다. 따라서 황계폭포는 두 암석의 경계부를 따라 형성된 것이다. 상단 폭포 기저부를 살펴보면 두께 1m 가량 암맥이 판상으로 관입해 있는 것을 확인할 수 있다. 이 암맥의 풍화 속도가 빨라 그 위의 암석이 붕락되면서 현재의 2단 폭포가 만들어진 것으로 판단된다. 물론 섬장암의 수평, 수직 절리도 2단 폭포 형성에 한몫을 했다.

2008. 3. / SONY R1

마지막 빙기의 절정은 지금부터 약 2.5만 년 전이었으며, 당시 해수면은 지금보다 100m 이상 낮았다고 한다. 대하천 하류에는 낮았던 침식기준면에 적응하느라 현재보다 훨씬 깊은 하곡이 파였다. 그 후 기후가 온난해지면서 해수면은 계속 상승하여 현재에 이르렀고, 그에 따라 대하천 하류는 퇴적이 계속되었다. 본류로 유입하는 지류보다는 본류에 의해 운반되는 퇴적물 양이 많기 때문에, 본류와 지류 합류점 부근에 퇴적이 이루어지면서 지류 계곡은 습지화된다. 이렇게 만들어진 것이 낙동강 하류에서 볼 수 있는 배후습지성 호소들이고, 대표적인 예가 바로 창녕의 우포이다.

배후습지성 호소는 낙동강 본류뿐만 아니라 지류에서도 볼 수 있다. 남강에 비해 그 수는 적지만 황강에서도 볼 수 있는데, 대부분 합천읍 부근에 있다. 그중 정양지와 박실지는 지류 계곡의 입구가 황강 본류의 퇴적으로 막힘으로써 만들어진 습지들이다. 이와는 달리 연당지는 구하도에 있는 습지이다. 사진은 갈마산232m 정상에서 촬영한 것으로, 농경지로 이용되는 구하도와 미앤더코어가 잘 보인다. 구하도와 범람원의 고도가 거의 같기 때문에 하도 절단과 습지 형성의 시기에 대해서 기존의 설명과는 다른 설명이 요구된다. 하지만 아직 연구된 바 없다.

067. 대암산에서 본 초계분지 ➡

2006. 11. / NOBLEX PRO 06/150

패러글라이딩이 대중화되면서 전국 도처에 활공장이 생겨나고 있다. 활공장은 대개 산 정상에 있으며 임도를 통해 정상까지 오를 수 있다. 높은 곳에 올라야 평면적 분포와 입체적 시각을 얻을 수 있고, 그래야 지오포토도 생명력을 얻게 된다. 혹시나 있을 멋진 풍광을 기대하며, 야외에 나가 활공장 팻말만 보이면 무조건 자동차로 오른다. 하지만 이곳 대암산591m 활공장은 초입에 안내판이 없어 사정이 조금 달랐다. 초계분지를 볼 수 있는 좋은 조망점을 찾기 위해 무턱대고 임도를 오르다보니, 그중 한 임도가 정상까지 이어졌고 그곳에 활공장이 있었던 것이다.

초계분지를 제대로 볼 수 있는 조망점을 오랫동안 찾았던지라, 당시의 감격은 지금도 생생하다. 초계분지는 합천군 초계면과 적중면이 포함되는 원형의 분지로 출수구가 하나뿐이며, 황강으로 직접 연결된다. 초계분지는 지형도 도엽의 경계부에 있어 정확하게 반으로 나뉜다. 따라서 일부러 붙여 보지 않는다면 분지의 형상을 알 수 없다. 이곳 초계분지의 형성 원인에 대해서는 침식분지와 운석충돌공 두 가지 설이 있는데 아직 분명하지 않다. 초계분지처럼 분지의 외륜산이 거의 원형에 가까운 분지의 또 다른 예로 강원도 양구군의 해안분지를 들 수 있는데, 그 형상이 화채 그릇을 닮았다고 펀치볼punch bowl이라 한다.

2004. 9. / MAMIYA 7II

낙동강의 배후습지성 호소 대부분은 본류와 지류 합류점 부근에 퇴적이 이루어지면서 지류 계곡이 습지화된 것인데, 많은 습지가 농경지 개발을 이유로 사라졌지만 아직도 일부 남아 있다. 그러나 주남저수지의 경우, 자연제방 뒤로 넓은 범람원이 만들어지고 배후산지 가장자리를 따라 배후습지가 발달했다는 점에서 우포와는 형성 과정이 사뭇 다르다. 이 사진은 정병산567m에서 북쪽을 향해 촬영한 것으로, 사진 아래쪽 시가지는 창원시 동읍 소재지이다. 이곳을 대산평야라 명명하고 범람원의 개척 과정을 소상히 밝힌 권혁재 교수의 논문1986은 철저한 현장 조사를 근간으로 하는 지리학 연구의 전범이다. 대산평야는 1912년 무라이村井라는 일본인이 이곳에 촌정농장을 설립함으로써 본격적으로 개발되었다. 범람원 군데군데 보이는 작은 구릉들을 연결하는 제방촌정제방을 쌓고 배후산지 주변에 흩어져 있는 습지를 정리해 현재의 주남저수지를 만들었다. 집중호우가 내리면 제방 안쪽의 빗물을 주남저수지로 퍼내고, 농업용수가 필요할 때면 주남저수지로부터 양수하였다. 한편 과거 밭으로 이용되던 자연제방은 현재 낙동강 본류의 인공 제방과 촌정제방 사이에 있는데, 본포양수장에서 물을 끌어와 이곳을 관개함으로써 모두 논으로 개발할 수 있었다. 주남저수지의 생태학적 가치는 분명하다. 하지만 마치 이곳이 세계적인 습지인 양 호들갑을 떠는 것은 어색하다 못해 넌센스에 가깝다.

LINE
SK

069. 생림승수로 · 1

2004. 8. / CANON IXUS 500

1930년대까지 이곳 생림들은 낙동강 변 자연제방을 제외하고 저습지와 호소로 된 버려진 곳이었다. 낙동강 제방이 건설되고 기계식 배수가 가능해지면서 점차 안정된 농경지로 개간되었다. 하지만 집중호우 시에 배후산지로부터 내려오는 빗물이 너무 많아 기계배수에만 의존하기에는 역부족이었다. 이를 해결하는 한 가지 방법으로 승수로를 도입했다. 승수로란 저지대의 침수를 막기 위해 구릉지 말단부를 따라 주변의 농경지보다 높게 만들어 놓은 배수로를 가리킨다. 이 사진은 이작초등학교 건물 옥상에서 하류 쪽을 바라다보고 승수로를 촬영한 것이다.

2005년 이 지역을 조사하던 중 도로변에 일정한 높이의 계단상 지형이 계속 이어지는 것이 눈에 띄었다. 혹시 하안단구가 아닌가 하여 차를 세우고 그 위로 올랐더니, 예상과는 다르게 인공수로가 달리고 있었다. '도대체 무엇이지?' 그 후 십여 차례에 걸쳐 이곳을 방문하여 조사한 후, 생림승수로에 대한 논문을 발표한 바 있다. 승수로의 생명은 경사를 최대한 완만하게 유지해서 본류와 만나는 배수구에서 본류 하상과의 고도차를 극대화하는 것이다. 고도차가 크면 클수록 본류의 수위가 상승하여도 자연배수가 언제든지 가능해지기 때문이다.

070. 생림승수로 · 2 ←

2004. 8. / CANON IXUS 500

승수로의 경사를 완만하게 유지하기 위하여 여러 가지 방법을 이용한다. 기본적으로 배후산지 경계부를 따라 우회하면서 경사를 유지하지만 필요하다면 산각을 절단하기도 하고 터널을 뚫기도 한다. 생림승수로에는 지형적 장애를 극복하기 위해 우회, 절단, 터널과 같은 모든 방법들이 다 동원되었다. 특히 송촌마을과 북곡마을 사이에는 길이가 무려 360m나 되는 터널이 있다. 터널에서 빠져나온 빗물은 이곳 배수구로 이어진다. 승수로를 이용한 자연배수를 위해서는 배수구 입구의 고도가 홍수위보다 높아야 지속적인 배수가 가능하다.

사진은 낙동강 본류의 평수위 시 배수구 입구를 촬영한 사진으로, 낚시꾼의 모습으로 보아 6~7m의 고도차를 확인할 수 있다. 배수구의 고도는 50년 주기의 홍수 시에도 자연배수가 가능하도록 9.55m로 설계되어 있다. 낙동강 본류를 건너 이곳 생림들 바로 맞은편에 있는 삼랑진 수위관측지점의 홍수주의보 수위는 7m이고 홍수경보 수위는 9m이다. 따라서 홍수경보가 발효되어도 생림승수로를 이용한 자연배수는 가능하다. 다른 승수로와는 달리 이곳 승수로 배수구에 갑문이 없는데, 이는 본류의 물이 승수로를 통해 역류할 가능성이 없기 때문일 것이다. 배수구 위로 경전선 철도가 지나고 있다.

071. 낙동강 · 1 : 신곡천 습지 →

2006. 10. / SONY R1

사진에서 습지처럼 보이는 신곡천은 천태사 계곡을 빠져나와 낙동강 범람원에 이르면, 동쪽으로 방향을 바꾸어 약 2km 가량 경부선 철도와 나란히 달리다가 원동천에 합류한다. 원동천은 영축산–신불산 산릉의 영남 알프스를 사이에 두고 양산단층과 평행하게 달리는 배내단층을 관류해 이곳 원동에서 낙동강에 합류한다. 이곳 습지가 경부선 철도의 건설로 유로가 차단되면서 만들어진 것인지 아니면 자연제방을 따라 흐르던 야주하천인지 확인하기 위해 일본 방첩대가 19세기 후반에 제작한 지도를 살펴보았다. 그 결과 후자인 것으로 확인하였다. 야주하천에 대한 설명은 뒤로 미룬다.

사진은 신곡천 습지 중간쯤에 있는 도로변 구릉에서 낙동강 하류 쪽을 바라보고 촬영한 것이다. 집중호우로 낙동강 본류 수위가 상승하면, 이곳 습지는 배수가 불량해져 습지 전 지역이 물속에 잠긴다. 하지만 이내 물이 빠지면서 원래의 모습으로 되돌아온다. 언제 보아도 아름다운 풍광이지만, 특히 가을철 해질 무렵 습지와 억새가 붉게 물들면, 마치 장엄한 서사극의 한 장면을 보는 듯하다. 왼편 마을에 경부선 원동역이 있으며, 컨테이너를 실을 화물열차는 막 원동역을 벗어나 삼랑진역을 향하고 있다. 오른편 멀리 보이는 높은 산이 신어산630m이다.

사진 앞쪽의 시설은 부산시민들의 식수 원수를 취수하는 물금취수장이며, 강 건너 건물들은 김해시 상동면 매리에 있는 매리공단의 공장들이다. 2006년 4월 김해시는 소감천 주변 매리공단에 새로이 28개 공장의 설립을 인가하였고 이에 일부 부산시민과 양산시민이 공장 승인 취소 소송을 제기하면서 부산시와 김해시 사이에 물 분쟁이 시작되었다. 승소와 패소를 반복한 끝에 2010년 대법원은 김해시 측에 손을 들어주었다. 하지만 한때 김해시와 부산시는, 대구시가 낙동강 변에 위천공단을 추진하자, 낙동강 식수원이 오염된다며 함께 반대한 경험을 가지고 있다.

부산시 수돗물의 원수는 90% 이상 낙동강에서 취수한 것으로, 이곳 물금취수장은 부산시 전체 수돗물 생산 중 23% 가량을 담당하고 있다. 대구와 구미 같은 대도시의 생활하수뿐만 아니라 낙동강 유역 내 농업 및 축산단지로부터 배출되는 각종 오폐수는 모두 낙동강을 따라 흐르다 마지막으로 이곳 물금을 지난다. 이에 부산시는 비교적 오염되지 않은 맑은 물을 얻고자 경상남도에 남강댐 물 잉여분의 이용을 제안했다. 하지만 경상남도는 남는 물이 없을 뿐만 아니라, 댐을 높일 경우 발생하는 안전 문제를 이유로 들면서 제안을 거절했다. 이제 먹는 물마저도 첨예한 지역 갈등의 근원이 되고 있다.

073. 동신어산에서 본 물금

경부선 열차를 타고 부산에서 삼랑진으로 가는 길 오른편으로 승학산, 백양산, 금정산, 오봉산, 토곡산, 천태산 등이 낙동강 변에 우뚝 솟아 있다. 하지만 열차는 이들 산 밑을 달리므로 차창을 통해서는 거의 볼 수 없다. 오히려 강 건너 반대편 산릉에 오르면 이들 산과 낙동강이 어우러진 장쾌한 경관을 볼 수 있다. 사진은 낙남정맥의 마지막 봉우리인 동신어산460m 정상에서 물금과 양산 쪽을 보고 촬영한 것이다. 왼편에 있는 산이 오봉산533m이고 산 아래 강변에 물금취수장이 있다. 오른편 산 정상에 뾰족 내민 봉우리가 금정산 고당봉801m이다.

오봉산 아래 시가지는 수도권을 제외하고 요즘 가장 활발하게 개발되고 있는 양산 물금지역이며, 부산 지하철이 이곳까지 연장, 운행되고 있다. 농경지였던 범람원은 이제 주택이나 상업 용지로 바뀌었고 최근 준공된 부산대 양산캠퍼스에는 대학 병원이 새로 개원했다. 범람원 내 고립 구릉인 증산은 미앤더코어라 판단된다. 이러한 지형은 사행이 활발해지면서 유로가 절단되어 형성되는 것이 보통이다. 하지만 낙동강과 같은 대하천 하류의 경우 해수면 상승과 함께 과거 안부가 물에 잠기면서 하천이 짧은 유로를 선택하면 이와 같은 미앤더코어가 만들어질 수도 있다. 어느 쪽인지 확실하지 않다.

074. 돛대산에서 본 낙동강 삼각주 ←

2010. 11. / CANON 5D MARK II

동신어산에서 신어산으로 이어지는 동서방향의 주능선에서 삼각주를 향해 남쪽으로 4가닥의 능선이 뻗어 있다. 각 능선의 말단부에 봉우리가 하나씩 있는데, 서쪽 능선부터 동쪽으로 분성산, 돛대산, 까치산, 백두산이 각각 그것들이다. 이 중 최고의 조망점은 단연 돛대산380m 정상이다. 돛대산에서 낙동강 삼각주는 정남향이기 때문에 하루 종일 역광인 경우가 대부분이다. 수차례 이곳을 올랐지만 번번이 실패하여 겨울철 새벽에 헤드랜턴을 켠 채 돛대산을 올랐다. 어딘가 조금 아쉽지만 그나마 낙동강 삼각주를 통째로 담은 사진이라 나름의 의미가 있다고 자족해 본다.

낙동강은 물금에서 양산단층 방향인 남쪽으로 방향을 바꾸고 곧장 바다를 향해 내려온다. 그러던 중 구포에 이르면 두 가닥으로 나뉘는데, 사진에서 왼편이 낙동강, 오른편이 서낙동강이다. 낙동강 삼각주는 이 두 하천 사이에 있다. 삼각주 안을 자세히 살펴보면 분류들에 의해 여러 하중도로 나뉘어 있는데, 대저도, 맥도, 일웅도, 을숙도, 천자도, 순아도, 명호도 등이 그것들이다. 낙동강 하구언은 낙동강 하류에 있으며, 삼각주 한가운데 있는 개활지가 김해국제공항 활주로이다. 2002년 중국민항기가 착륙 도중 불시착하여 많은 인명 피해가 난 곳이 바로 돛대산 정상 아래이다.

075. 임호산에서 본 김해평야 →

2004. 8. / CANON IXUS 500

남해고속도로를 타고 김해 IC를 지나 서김해 IC 쪽으로 가다보면 정면에 자그마한 산이 나타난다. 이 산이 바로 임호산178m인데, 낮고 작지만 어딘가 당당함이 느껴진다. 산 중턱에 흥부암이라는 암자까지 길이 나 있으나 무척 험하고 주차할 곳도 마땅치 않다. 흥부암 뒤를 돌아 정상에 오르면 낙동강 삼각주 속에서 낙동강 삼각주를 바라볼 수 있는, 생각하지도 않았던 경관이 펼쳐진다. 북쪽으로 김해신시가지가 보이고, 동쪽과 남쪽으로는 멀리 부산의 금정산과 백양산 그리고 산 아래 북구와 사상구 일대의 시가지가 보이고 전면에 서낙동강 주변의 삼각주가 눈앞에 펼쳐진다.

이 사진은 임호산 정상에서 남쪽을 바라본 것이다. 분류와 하중도로 이루어진 삼각주의 지형 구조는 서낙동강 서쪽에서도 확인할 수 있다. 사진 오른편 중앙에 보이는 분류가 해반천이고, 산 아래에서 율하천과 만나 조만강을 이루고는 사진 왼편 상단 끝에 보이는 서낙동강으로 합류한다. 합류점 부근에 둔치도라는 하중도가 있는데, 이곳을 100만 평 문화공원으로 조성하자는 범시민운동이 전개되고 있다. 특이하게도 사진 정면에 보이는 집들이 곡류하고 있는데, 어쩌면 이전에 곡류하던 분류 가장자리를 따라 형성된 취락이 아닌가 생각되지만 확인한 바 없다.

076. 서낙동강 중사도

2004. 11. / MAMIYA 7II

남류하던 낙동강은 구포 부근에서 두 가닥으로 나뉘는데, 과거 낙동강의 본류는 서낙동강이었다. 1935년 서낙동강 입구에 대저수문이, 하류 출구에 녹산수문이 만들어짐으로써 서낙동강은 거대한 호수로 바뀌었고, 동쪽의 분류가 낙동강의 본류가 되었다. 초기에는 낙동강 하류에 홍수가 예보되면 대저수문을 닫고 간조 시 녹산수문을 열어 서낙동강 전체를 비운 후, 홍수가 최고조에 달하면 대저수문을 열어 홍수위를 낮추기도 했다. 현재 서낙동강은 관개용수를 공급하는 기능을 하지만, 그마저도 오폐수 유입에 따른 수질 오염으로 제 기능을 못하고 있다.

이 사진은 서낙동강 서편 하안에 있는 가락산에서 북쪽을 보고 촬영한 것이다. 가락산이 산이라는 이름을 가지고 있지만 그 높이는 47m에 지나지 않는다. 낙동강 삼각주에는 기반암이 돌출한 30~40m 높이의 산들이 여럿 있는데, 해발고도 얼마 이상이어야 한다는 물리적 규모뿐만 아니라 인식론적 의미에서 산이 정의되고 있음을 알 수 있다. 가락산 정상에는 임진왜란 때 일인들이 만든 죽도성이 있다. 정면 하중도가 중사도이고, 그 뒤로 김해 시가지가 보인다. 왼편 끝 높은 산이 신어산이고, 거기에서 이어지는 능선에 우뚝 솟은 봉우리가 돛대산이다.

077. 만어산 암괴원

2006. 2. / MAMIYA 7II

남부지방 산지 곳곳에서 암괴들이 산사면을 따라 집단적으로 쌓여 있는 것을 볼 수 있다. 부산의 금정산, 대구의 비슬산을 비롯해 이곳 밀양의 만어산도 이러한 암괴지형의 대표적인 곳으로 알려져 있다. 지형학에서는 사진에서처럼 암괴들이 계곡을 따라 집단적으로 쌓여 있으면 암괴류, 완만한 사면에 넓게 펼쳐져 있으면 암괴원이라 정의하지만, 둘의 경계는 분명하지 않다. 하지만 둘 모두 빙하기에 사면을 따라 암괴가 토양과 함께 느린 속도로 흘러내리다가 완경사지에 도달한 후, 현세에 들어 유수에 의해 토양이 씻겨 나가면서 현재의 모습을 갖게 된 것으로 설명하고 있다.

사진은 2006년 한국지형학회 동계학술대회 답사 당시의 모습이며, 만어사 경내 높은 곳에서 산 아래쪽을 바라다보고 촬영한 것이다. 흐린 날 촬영한 사진이라 암괴 표면의 초콜릿색이 더욱 선명하게 보인다. 이 사진에 사람이 포함되지 않았다면 사진만으로 암괴의 규모를 알 수 있을까? 지오포토에는 어떤 형식이든 스케일이 담겨져 있어야 한다. 실제로 암괴류의 규모는 고도 350~500m, 총연장 450m, 폭 40~110m, 두께 0.3~6m이며, 경사는 10도 내외이다. 또한 암괴의 암석은 세립질 화강섬록암인데, 암괴의 평균 장경은 150cm 가량 된다.

078. 안민고개와 분수계

2004. 11. / MAMIYA 7II

분수계란 하천의 유역분지를 나누는 경계로 대부분 산 능선으로 되어 있지만, 그렇지 않은 경우도 간혹 있다. 백두대간을 종주하다 보면 운봉분지 내에서는 분지 한가운데를 지나야 하는데, 이러한 경우를 능선분수계에 대비하여 곡중분수계라 한다. 분수계를 지리학적, 지질학적 산맥과 혼동하여 현재 교과서에서 가르치고 있는 산맥을 폐기하거나 수정해야 한다고 주장하는 사람들이 심심치 않게 등장한다. 특히 백두대간을 두고는 우리식의 산맥인식체계이므로 일본인들이 만든 산맥은 폐기되어야 한다고 주장할 때면 어떻게 설명, 아니 해명해야 할지 난감할 뿐이다.

이 사진은 진해시 북쪽을 동서로 달리고 있는 분수계인데, 안부에는 창원과 진해를 잇는 안민고개가 있다. 능선 왼편은 창원시 쪽이며, 이곳에 떨어진 빗물을 창원천을 지나 낙동강을 거쳐 남해로 이어진다. 하지만 능선 오른쪽에 떨어진 빗물은 사면을 따라 진해만으로 직접 흘러간다. 남해안을 따라서 동서방향으로 몇 열의 능선이 지나고 있는데, 이 능선도 그중 하나이다. 1903년 우리나라 산맥을 최초로 규정한 고토분지로 小藤文次郎가 이 능선들을 한반도에서 마지막으로 일어난 구조 운동의 결과로 보고, 한산산맥이라 명명한 바 있다. 그러나 현재 사용되는 산맥도에는 나와 있지 않다.

079. 와룡산 보른하르트

1997. 9. / NIKON N90S

화강암은 북한산, 설악산, 월출산, 속리산처럼 암반이 노출된 석산이 되기도 하고, 차별풍화와 차별침식을 받아서 주변 산지보다 낮은 분지를 만들기도 한다. 처음 발령을 받았던 진주 부근에는 거의 경상계 퇴적암만 나타나기 때문에, 학생들에게 화강암을 설명하기가 쉽지 않았다. 화강암은 입자가 큰 석영, 장석, 운모로 이루어져 있고 아주 밝은 색을 띠며, 아주 단단한 암석이다. 그러나 토양 속에서는 쉽게 풍화를 받아 수십미터 이상 풍화되는 경우도 있는데, 테니스장에 까는 마사토가 화강암의 풍화토라고 설명은 했지만 화강암을 보지도 못한 그 학생들이 과연 이해했을까? 단언컨대 제대로 이해했을 리 만무하다.

다행이 진주 인근 사천에 와룡산이 있었다. 또한 이 산록 아래에는 전형적인 선상지가 펼쳐져 있어 훌륭한 야외실습장 구실을 했다. 와룡산은 주변 퇴적암을 관입한 화강암이 침식의 결과 산이 된 것으로, 인수봉이나 울산바위와 마찬가지로 주변보다 풍화를 적게 받아 살아남은 풍화잔존 산지, 즉 보른하르트이다. 산정에는 암괴가 노출되어 있고 화강암 특유의 판상절리가 잘 발달해 있다. 6000만 년 전 지하 수킬로미터 밑에 관입해 암석이 된 후, 풍화와 침식을 받아 현재 799m 와룡산이 되었다는 초년 교수의 무지막지한 설명을 이해하기 위해서 학생들은 얼마만 한 상상력을 동원해야 했을까?

080. 호박소 포트홀

2003. 9. / NOBLEX PRO 06/150

지금은 능동터널이 생겨 언양과 밀양을 오가기가 편해졌지만 이전에는 석남고개를 넘어야 했다. 밀양에서 24번 국도를 따라 석남고개 초입에 이르면 지형을 기반으로 한 유명한 관광지가 둘 있는데, 하나는 밀양 얼음골이고 다른 하나는 호박소이다. 호박소는 우리나라에서 화강암을 기반으로 하는 포트홀pothole 중에서 규모도 클 뿐만 아니라 가장 완벽한 형태를 가진 것 중 하나이다. 여기서 '호박'은 '확'의 경상도 사투리인데, 확이란 '절구의 아가리로부터 움푹 들어간 부분'을 말한다. 따라서 호박소는 포토홀의 형상을 확처럼 생긴 소여울의 반대말로 하천의 깊은 곳라고 표현한 것이다.

호박소를 흐르는 하천의 발원지인 가지산1,240m은 동부 경남에서 가장 높은 산이다. 따라서 사시사철 수량이 풍부하고, 화강암 절리와 폭포, 맑은 물과 주변 식생 등이 완벽한 조화를 이루고 있다. 하지만 웅덩이가 깊어 익사 사고를 비롯한 각종 안전사고가 끊이지 않는다. 한편 화강암 절리의 경사와 방향이 현재의 지형과 절묘하게 조화를 이루고 있다. 이는 절리가 지형 발달을 유도하는 것이 아니라 지형에 의해 판상절리가 나타난다는 사실로 이해할 수 있다. 호박소는 최근 김주혁, 류승범, 조여정이 출연한 영화 "방자전"의 배경으로 등장하면서 부산, 경남 이외의 지역 사람들에게도 많이 알려졌다.

081. 경주산 미앤더코어와 구하도

2007.10. / MAMIYA 7II

우리나라 대부분의 사람들은 영월의 청령포를 단종의 유배지로 알고 있다. 그러나 지리학을 전공한 사람들에게 영월 청령포는 거기에 덧붙여 하도절단, 미앤더코어, 구하도가 나타나는 지리학적 현장으로 유명하다. 하도절단에 의해 구하도가 나타나는 곳이 우리나라에 수십, 수백 군데가 될 터인데, 어쩌다 그곳이 이 지형 현상의 가장 대표적인 곳이 되었는지 알다가도 모를 일이다. 실제로 청령포 구하도는 조망할 곳도 마땅치 않고 현재는 터널과 도로가 통과하고 있어 원래의 모습마저 사라지고 없다. 하지만 중고등학교 교과서에는 계속해서 그곳이 인용되고 있다. 아직도 청령포라니 정말 한심하기 짝이 없다.

이 사진 하단에서 밀양강의 지류인 단장천은 왼쪽에서 오른쪽으로 흐르고 있고, 그 지류인 동천은 위에서 아래로 흐르면서 단장천과 직각으로 만난다. 사진 한가운데 고립 구릉은 경주산213m인데, 하도절단에 의한 미앤더코어라기보다는 하천쟁탈에 의해 형성되었을 가능성이 더 높다. 즉, 원래 동천과 단장천은 경주산 오른쪽에서 합류했으나, 경주산 왼편에서 단장천이 동천을 쟁탈하면서 경주산이 고립구릉으로 발달하게 된 것으로 판단된다. 조망점에 가려면 용암산428m 청룡사에 도착해 경내로 들어선 후 산 쪽으로 난 쪽문을 지나 산비탈을 한참 오르면 아찔한 절벽에 이른다. 바로 이곳이 조망점이다. 색상이 단조로운 우리나라 경관에서 가을철 벼의 노란색은 파격이다. 더군다나 이 사진에서처럼 구하도라는 지형 단위가 노란색으로 구분된다면 더 말할 나위가 없다.

082. 삼문동 물돌이

2008. 12. / MAMIYA 7II

밀양이라면 전도연 주연의 "밀양"이 생각나겠지만, 실제 밀양을 전혀 담아내지 못했던 것 같고, 오히려 곽경택 감독, 정우성 주연의 "똥개"가 실제 밀양과 더 가까운 것이 아닌가 한다. 원래 밀양은 영남루 주변과 북쪽 산기슭이 중심가였고 이를 읍성이 둘러싸고 있었던 전형적인 조선 시대 지방 중심지였다. 사진에서는 왼편의 시가지가 그곳이다. 1902년 밀양을 통과하는 경부선 부설로 과거의 경관은 거의 사라졌고, 성벽의 석재는 모두 경부선 공사에 이용되었다고 한다. 사진 한가운데 밀양시 삼문동이 위치한 하중도가 밀양강에 둘러싸여 있는데, 골프장의 아일랜드그린island green을 연상시킨다. 민간 항공기가 이 위를 지날 경우가 많아 비행기 차창으로도 본 적이 있다.

이 하중도는 조선 시대 말까지 홍수 피해가 잦았던 곳이었으나, 1910년 과거의 용두제삼문동의 남쪽를 현재의 삼문제로 개축하면서 홍수 피해가 없는 안정적인 토지로 바뀌었다. 그 후 삼문동은 남쪽의 밀양역과 북쪽 구시가지 사이의 요충지로 변해, 밀양의 시역 속에 완전히 포함되었다. 현재 밀양의 관공서 대부분은 이곳에 위치해 있다. 밀양 서남쪽에는 664m의 종남산이 솟아 있다. 종남산 정상에서도 삼문동이 잘 보이지만 능선에 경관 일부가 가린다. 종남산에서 북쪽으로 능선을 따라가면 우령산590m 조금 못 미쳐 훌륭한 조망점이 있다. 이 사진은 그곳에서 찍은 것이다.

083. 경호강 자연제방 ←

2003. 6. / NOBLEX PRO 06/150

이 사진은 초여름에 찍은 것이라 온통 녹색뿐이다. 사진만으로는 결코 높은 점수를 줄 수 없지만 굳이 이 책에 실은 것은 두 가지 사실을 전달하기 위해서이다. 하나는 자연제방이 대하천 하류뿐만 아니라 범람원이 넓게 나타나는 하천 중류에서도 나타난다는 사실이다. 이곳은 낙동강의 지류인 남강의 여러 지류 중에서 유역 면적이 가장 큰 경호강의 범람원이며, 경호강은 맞은편 산자락을 따라 좌에서 우로 흐르고 있다. 사진 오른편 하단에 중부고속도로 생초IC가 보이고, 이어지는 고속도로를 따라 계속 가면 다음 IC는 함양IC가 나타난다. 사진 속 우측 상단에 있는 마을이 산청군 생초면 소재지이다.

두 번째는 자연제방이 인공제방처럼 하천 양안을 따라 선상으로 나타나지 않는다는 사실이다. 하천 변에 3개의 집촌이 보이는데, 왼편부터 구기, 신기, 보전마을이다. 이 집촌들이 자연제방 위에 입지하고 있는 취락의 전형적인 모습이다. 따라서 자연제방이란 하천 양안을 따라 선상으로 길게 늘어서 있는 것이 아니라, 범람원 위에 마치 섬처럼 독립적으로 나타난다. 사진을 찍은 곳은 목장의 초지라, 주인의 허락을 받고 겨우 올랐다. 물론 고도가 낮아 하천이 완벽하게 보이지 않는 것이 아쉽다. 한편 왼편 멀리 보이는 산이 괘관산1,252m이고, 그 오른편으로 황석산1,190m이 아스라이 보인다.

084. 진양호 방수로 가화천 →

2011. 6. / PENTAX 645D

남강 유역은 대표적인 다우지역으로 낙동강 하류의 유량에 큰 영향을 미친다. 1925년 을축년 홍수를 20세기 최대의 홍수라 하지만 이는 한강 수계의 이야기이고, 낙동강의 경우 그 다음 해인 1926년에 큰 피해를 입었다. 일제는 낙동강 하류의 홍수 피해를 줄이고자 남강의 홍수를 사천만으로 방류하기 위한 남강댐 건설 계획을 수립했다. 중일전쟁으로 공사가 지연되면서, 1934년, 1936년에 큰 피해를 입었다. 1939년에 다시 착공했지만 태평양전쟁으로 중단되었고, 광복 후 재개된 공사는 6.25전쟁으로 또 중단되었다. 결국 이 사업은 5.16혁명정부의 몫이 되고 말았다.

혁명정부는 군미필자, 불량배 등을 모아 국토재건대를 만들어 대규모 건설 현장에 투입하였으니, 개화도 간척지, 제주도 5.16횡단도로, 남강댐 등이 그곳이다. 남강댐은 1970년에 완공되었고 2001년에 숭상공사로 댐이 높아졌다. 이곳은 홍수 시 남강댐의 물을 사천만으로 방류하는 가화천 방수로로, 작은 분수계 하나를 넘기 위해 인공적인 굴착을 해야만 했다. 가화천의 유로는 10km 안팎이라 굴착의 정도가 이 정도지만 만약에 한반도대운하로 소백산맥을 절단해 낙동강과 한강을 연결해야 한다면, 과연 그 모습은? 아직도 그 망령이 지하의 마그마처럼 꿈틀대고 있지 않을까 걱정된다.

085. 남강 범람원 내 야주하천

1999. 9. / NIKON N90S

야주하천Yazoo river의 야주는 인디언 토착어로, 미시시피 강 하류에서 범람원 위를 흐르는 지류가 자연제방이 너무 높아 본류로 합류하지 못하고 본류를 따라 평행하게 흐르다가 자연제방이 낮아지는 하류에서 본류로 합류하는 하천을 가리킨다. 우리나라 대하천의 범람원이 본격적으로 개발되기 전에는 대하천 하류 곳곳에서 야주하천을 볼 수 있었지만 이제는 거의 사라지고 없다. 이곳은 의령에서 20번 국도를 따라 북쪽으로 부림신반 쪽으로 가다 보면 진등고개가 나오는데, 거기서 차를 세우고 남강 변 절벽으로 다가와 남강 상류 쪽을 바라본 것이다.

야주하천은 전형적인 자유곡류하천이다. 자유곡류하천이 만들어지기 위해서는, 유량이 비교적 일정해야 하고 하상의 경사가 완만해야 하며, 범람원이 넓어야 하고 하도의 퇴적물 입자가 가늘어야 한다. 우리나라의 경우 대하천 범람원에 흐르는 작은 지류들이 이러한 조건을 만족하고 있다. 하지만 대하천 범람원이 개발됨에 따라 이러한 작은 지류는 대부분 직강화되었고, 이곳 야주하천 역시 직강 공사로 사라졌다. 낡은 사진을 군이 이 책에 수록한 것은, 대부분의 야주하천이 사라졌고, 있다고 하더라도 주변에 높은 산이 없어 제대로 된 사진을 얻기가 힘들기 때문이다.

086. 구천댐 돌안골

2002. 4. / NOBLEX PRO 06/150

이곳은 차동차 도로에서 완만한 길을 10분만 걸어 들어가면 되니 숨겨놓은 비경이라 할 것까지는 없지만 수자원보호구역이라는 간판은 무시하고 들어가야 볼 수 있는 곳이다. 그러나 비가 많이 와서 저수지 물이 가득 차올라 물가로 맨땅이 노출되지 않는 정확한 시점을 맞추어야 한다. 만약 그러지 못한다면 이 사진과는 전혀 다른 경치가 나오기 때문에 출입금지 간판을 무시하고 약간의 양심을 판 대가를 얻을 수 없다. 조망점에 이르면 겨우 두세 사람이 설 수 있는 아주 좁은 바위가 나타난다. 혼자 이곳을 지날 때면 조용히 앉아 캔맥주를 마시면서 한참을 머문다. 정말 좋다.

거제도는 큰 섬이고 인구도 많으며, 대규모 조선소가 있어 물 수요가 많다. 제법 큰 저수지로는 섬 북쪽의 연초저수지와 남쪽의 구천저수지가 있다. 구천저수지가 만들어지기 전에 이곳은 구천천 상류로 돌안골이라 부르던 곳이었다. 하지만 댐이 만들어지고 수위가 상승하면서 곡류 구간에서 생각지도 않은 경관이 만들어진 것이다. 이 사진 때문에 이곳이 알려져 많은 관광객들이 찾을까 걱정이지만 개발할 것은 개발하고 개발하지 말아야 할 것은 철저히 보호할 수 있는 지혜를 발휘하기를 거제시에 기대한다. 거제시의 주민 1인당 소득이 35,000달러쯤 된다고 하니, 가능하지도 않을까?

087. 대금산에서 바라본 거가대교

2011. 3. / PENTAX 645D

원래 거제도의 중심은 현재 거제면이 있는 서쪽 해안이었다. 해안의 경사도 완만하고 농경지도 넓어 사람들이 많이 살았는데, 보통 행정중심지에서 볼 수 있는 동헌이나 향교 역시 이곳에 있다. 한편 외해로 열려 있는 동쪽 해안은 수심도 깊고 해안절벽으로 되어 있다. 그리고 자그마한 만이 곳곳에 있지만 모두 자갈로 된 해빈이다. 하지만 삼성중공업과 대우해양조선과 같은 세계적인 조선소나 유명한 관광지인 학동 몽돌해수욕장과 거제 해금강 모두 동쪽 해안에 있다. 비록 현재 행정중심지인 신현은 서쪽도 동쪽도 아닌 북쪽 해안에 있지만, 거제시의 산업과 관광의 중심지는 단연 동쪽 해안이다. 거제도 북쪽 장목면에 있는 해발 438m 높이의 대금산은, 봄철 산정 부근에 진달래가 만발하면 상춘객들이 문전성시를 이룬다. 이 사진은 대금산 정상에서 북서쪽으로 가덕도와 진해만 쪽을 바라본 것인데, 가운데 보이는 흰색 다리가 최근에 개통된 거가대교이다. 거제도에서 다리로 이어진 마지막 섬에서 침매터널 구간이 시작되어 반대편에 있는 가덕도로 연결된다. 사람들은 침매터널 구간에서 물고기가 헤엄치고 있는 아쿠아리움을 기대했을지 모르나 그것과는 거리가 멀어도 한참이나 멀다. 한편 침체일로를 걷던 부산의 구도심은 거가대교가 개통됨으로써 새로운 전기를 맞고 있다.

088. 소병대도와 대병대도

소병대도와 대병대도는 아마추어에서부터 프로페셔널에 이르기까지 많은 사진가들이 찾는 곳이다. 바다, 하늘, 섬, 배, 안개 등 경관 요소들의 조화가 워낙 뛰어나, 누가 찍든, 언제 찍든, 어떤 장비를 쓰든 항상 좋은 결과를 얻을 수 있는 곳이다. 인터넷으로 검색하면 비슷비슷한 사진을 수도 없이 볼 수 있기에 굳이 이 책에서까지 소개할 필요가 있을까 고민되기도 했다. 하지만 1990년 중반까지 이곳은 낚시꾼을 제외하고는 거의 찾는 이가 없던 곳이다. 아주 엉망인 비포장길을 따라 다포에서 몽돌로 유명한 여차해수욕장을 지나 홍포 못 미쳐 우연히 주차하고 해안을 쳐다보았을 때, 눈앞에 펼쳐진 병대도의 장관은 잊을 수 없다.

여차해수욕장을 벗어나 비포장도로로 홍포 쪽으로 조금 가면 고갯마루에 국립공원관리공단에서 만든 전망대가 하나 있다. 물론 이곳도 좋은 조망점이지만 제대로 된 조망점은 이보다 훨씬 더 가서 비포장도로가 거의 끝나는 곳에 있다. 정남향이라 이른 아침이나 늦은 오후가 좋고, 안개라도 조금 끼고 작은 고깃배들이 드문드문 있으면 사진 찍기에 금상첨화이다. 이곳 여차·홍포해안은 과거 거제8경이나 기성8경에 포함되지 않았지만, 2008년 새로이 개정된 거제8경에 새로이 선정되었다. 병대도 주변 해안은 거제 낚시의 메카인데, 도로 곳곳에 세워 둔 차는 모두 낚시꾼들의 것이다.

2007. 9. / CANON POWERSHOT G9

욕지도 남쪽에도 갈도라는 유인도 이외에 여러 섬들이 있다. 하지만 경상남도에 속하는 섬으로서 면소재지가 있을 정도로 큰 섬 중 가장 남쪽에 있는 섬은 욕지도이다. 거제에서 직접 욕지도로 오는 여객선도 있지만, 통영에서 연화도를 거쳐 욕지도로 오는 여객선이 육지와의 내왕을 거의 전담하고 있다. 남쪽으로 욕지만이 열려 있으며 만의 내측에 시가지가 넓게 펼쳐져 있다. 1월 평균기온이 2℃밖에 되지 않아, 팔손이나무, 동백나무, 풍란 등 난대성 식물이 자라는 따뜻한 남쪽 바다이다.

요즘 거의 먹지 않지만 몇 십 년 전만 해도 고구마를 쪄서 말린 것어릴 적 빼때기라 했는데 다른 지방에서는 무엇이라고 했는지 궁금하다을 아이들 간식이나 흉년에 끼니로 먹었다. 빼때기도 욕지 것이 맛있다며 즐겨 먹던 기억이 있다. 아마 감자에 비해 고구마가 잘 상하기 때문에 말려서 먹지 않았었나 생각된다. 욕지도도 다른 섬과 마찬가지로 농업, 어업, 양식업을 겸하지만 특산물은 당연 고구마이다. 이 사진은 욕지도 최고봉인 천황산392m 동쪽에 있는 마당바위에서 촬영한 것이다. 디지털카메라로 찍은 여러 장을 합성한 것인데, 이 사진 이후 무겁기만 한 고가의 파노라마카메라를 장롱 속에 모셔놓기 시작했다.

090. 연화도 용머리바위

2007. 6. / SONY R1

연화도는 통영항에서 뱃길로 24km 떨어져 있는 섬으로 통영시 욕지면에 속한다. 욕지도, 세존도, 연화도 모두 불교와 관련된 지명이지만 연화도와 불교의 인연은 특별하다. 연화도인, 사명대사, 자운선사 등 조선 시대 유명한 고승들이 이곳 연화도에서 수행한 흔적이 곳곳에 남아 있기 때문이다. 현재 섬 규모에 비해 엄청나게 큰 연화사와 도덕암이라는 두 개의 사찰이 이 섬에 있어, 불자들의 발길이 끊임없이 이어지고 있다. 최근 연화도 정상인 낙가산 연화봉, 보덕암, 용머리바위로 이어지는 산행 코스가 개발되어 육지로부터 많은 등산객이 이 섬을 찾고 있다.

사진에 보이는 헤드랜드는 통영 8경의 하나로 지정되어 있는 연화도 용머리바위이다. 용이 대양을 향해 헤엄쳐나가는 형상이라 이렇게 이름 지었다고 하며, 암초 4개가 연이어 있다고 해서 네바위라고도 한다. 화산암 계열의 암석이라 단단하고 수직절리가 발달해, 외해로 열린 쪽으로 급경사의 해안 절벽이 만들어지면서 이와 같은 절경이 이루어진 것이다. 사진 정면 가까이 있는 작은 섬이 소지도이고, 그 뒤에 섬 4개가 보이는데, 왼편부터 어유도, 매물도, 소매물도, 등대섬이다. 요즘 소매물도와 등대섬은 남해안 관광의 1번지라 할 정도로 많은 관광객들이 찾는 섬이다.

091. 등대섬 · 1

이 섬은 1980년대 후반 쿠크다스라는 과자 CF의 배경으로 등장하여 일반인에게 널리 알려지기 시작했다. 소매물도와 등대섬이 2007년 문화관광체육부의 '가고 싶은 섬'으로 선정되고 최근 KBS 1박2일을 비롯해 여러 TV프로그램에 소개되면서, 섬의 좁은 길은 늘 관광객들로 만원이다. 한때 유홍준의 '나의 문화유산답사기'가 문화 권력을 구가했듯이, 이제 1박2일을 비롯한 여행 프로그램이 절대 권력을 누리고 있다. 꾼이라 자처하는 이에게는 나름의 숨은 비경들이 있다. 하지만 꾼들이 숨겨 놓은 웬만한 비경이라도 그들의 과녁을 벗어날 수 없다. 막강한 인력과 자금력 앞에는 속수무책이다.

소매물도 망태봉157m 조금 아래에 있는 암벽이 등대섬의 유명 조망점이라 인터넷에서 검색되거나 매스컴에서 보도되는 사진 대부분은 그곳에서 등대섬을 보고 찍은 것들이다. 이 사진에서는 등대섬에서 소매물도를 바라보고 거꾸로 찍어 보았다. 어차피 섬과 섬을 연결하는 자갈길이 포인트이고, 동쪽을 바라보기 때문에 언제든지 순광이라 매물도 조망점처럼 이른 새벽이라는 시간적 구애를 받을 필요가 없다. 오른편 멀리 보이는 섬이 주 섬인 매물도인데, 정상인 장군봉127m은 소매물도의 망태봉보다 낮다. 사진 왼편 아래쪽 남색 건물들은 등대섬의 항로표지관리소이다.

092. 등대섬 · 2 ←

2010. 10. / CANON 5D MARK II

하늘에서 등대섬을 보면, 푸른 바다의 융단 위에 놓인 녹색 에메랄드처럼 보일까? 실제로 등대섬과 매물도는 단단하고 수직절리가 잘 발달한 화산암 덕분에 해안을 따라 해식애와 해식동굴이 절경을 이루고 있다. 특히 등대섬과 소매물도 사이에는 길이가 약 70m 가량 되는 자갈길이 간조 때 드러난다. 1시간 뱃길을 멀다 않고 이곳을 찾은 수많은 관광객들은 이러한 이국적인 풍광에 감탄사를 연발한다. 하지만 등대섬에는 아무런 편의시설이 없다. 그래도 불평하는 이 하나 없다. '소매물도에서 본 등대섬'은 통영8경의 하나이며, 최근 대한민국 명승18호로 지정되었다.

모래나 자갈의 퇴적으로 육지와 연결된 섬을 육계도라 하며, 이때 모래와 자갈로 된 퇴적물을 육계사주라 한다. 하지만 소매물도와 등대섬처럼 남해안에는 섬과 섬이 모래나 자갈로 연결된 섬이 제법 많다. 섬과 섬을 이은 것이라 육계도나 육계사주와는 다른 이름이 요구된다. 이 사진에서는 가능한 한 자갈길을 많이 담으려 큰 돌 위에서 까치발을 해야 했고, 등대섬이 소매물도와 완전히 분리된 섬이라는 사실을 보여 주기 위해 섬의 가장자리를 전부 담았다. 오전인데도 벌써 사진 왼편에 햇빛이 드리운다.

093. 삼천포 목섬과 해안파식대 →

2001. 10. / MAMIYA 7II

1956년 사천군에서 삼천포시가 분리되었다가, 1995년에는 사천군과 삼천포시가 통합되면서 사천시로 바뀌었다. 결국 사천군이 사천시로 바뀐 것뿐이다. 삼천포라는 행정 구역 명칭은 사라졌지만, 항구명은 여전히 삼천포항이다. 삼천포항 해안을 따라 회시장, 건어물시장, 재래시장, 선구류 가게 등 내륙에서 볼 수 없는 항구만의 특별한 경관 요소들이 펼쳐진다. 항구를 벗어나 해안에 있는 노산공원 팔각정에 오르면 작은 섬들이 베푸는 남해안만의 독특한 파노라마가 펼쳐진다. 작다 못해 앙증맞은 남일대해수욕장은 노산공원에서 멀지 않은 곳에 있다.

창선도, 수우도, 사량도와 같이 비교적 큰 섬들이 삼천포항의 외해를 막고 있고, 신수도를 비롯해 크고 작은 섬들이 삼천포항 바로 앞을 가로막고 있어, 기상이 특별히 나쁜 날을 제외하고는 파도가 없어 삼천포 내해는 마치 호수와 같다. 하지만 폭풍우가 몰아치면 이곳도 예외 없이 집채만한 파도가 강타한다. 그 결과 목섬이나 노산공원 앞에 사진에서와 같은 파식대가 형성된다. 지층의 경사와 파식대의 방향이 일치해 파식대 바닥이 비교적 평탄하나 반대일 경우 아주 거칠어 사람이 지나다니기 힘들 정도가 된다. 이곳 노산공원 앞 파식대에는 과거 목선을 제작하던 조선소가 있었다.

2006. 10. / PENTAX 67

우리나라 국도 번호에는 규칙이 있는데, 홀수는 남북방향, 짝수는 동서방향이다. 서해안을 따라 목포에서 서울을 거쳐 파주까지가 1번, 부산에서 동해안을 따라 강원도 고성까지가 7번, 그 사이에 3번, 5번 국도가 지난다. 이 4가닥의 국도가 남북으로 달리는 기본 국도이고 나머지는 지역 간을 연결한다. 3번 국도는 남해군 미조에서 출발해, 창선교를 건너 창선도로, 다시 최근에 만든 창선·삼천포대교를 통해 사천시로 연결된다. 그 후 3번국도는 진주 – 산청 – 거창 – 김천 – 상주 – 문경을 지나 새재를 통해 충청북도로 넘어선다. 가히 한반도 중앙을 가로지른다.

창선·삼천포대교가 만들어지기 전에는 삼천포–창선 간에 자동차를 실은 도선이 다녔으니 어쩌면 이 도선 구간이 3번국도였던 셈이다. 삼천포 대방동에서 모개도, 초양섬, 늑도 그리고 창선도 사이에 삼천포대교, 초양대교, 늑도대교, 창선대교가 각각 개통되면서, 2003년부터 제대로 된 3번 국도의 모습을 갖추게 되었다. 사진의 촬영지는 대방동 뒤편 각산398m 정상이다. 야경은 캄캄한 밤에 찍는 것이 아니다. 해가 지고 나서 여명이 남았거나, 아니면 해가 뜨기 전 하늘의 검은 색이 약간 걷힐 때가 바로 그 순간이다. 무턱대고 한밤중에 오르면 허탕이다.

095.   다랭이마을

2004. 2. / MAMIYA 7II

'다랭이' 란 규모가 작은 밭떼기를 지칭하는 단위이며, 논의 경우 '배미' 라 한다. 이건 어디까지나 사전적 의미이고, 경상남도 남해군 남면 홍현리 다랭이마을의 다랭이는 작은 계단식 논을 말한다. 얼마나 그 크기가 작기에 삿갓배미라는 말이 있을 정도이다. 옛날에 한 농부가 일을 하다가 논을 세어보니 한 배미가 모자라 아무리 찾아도 없기에 포기하고 집에 가려고 삿갓을 들었더니 그 밑에 논 한 배미가 있었다는 일화가 그것이다. 논을 한 뼘이라도 더 넓히려고 산비탈을 깎아 석축을 곧추 세워 논을 만들었던 다랭이마을 사람들의 토지에 대한 집념을 엿볼 수 있다.

아직도 농사일에 소와 쟁기가 필수인 마을이며, 마을 인구의 90% 이상이 조상 대대로 살아오는 사람들이라 식사 시간에 앉은 곳이 바로 밥먹는 곳이 될 정도로 인정이 살아 있는 마을이다. 최근 각종 매스컴을 통해 특별한 관광지로 전국에 알려지면서, 도농 교류와 농촌 체험 현장으로 많은 사람들이 찾고 있다. 아무리 찾아도 이곳 전체를 조망할 수 있는 좋은 포인트가 없다. 가까이 서면 논의 기하학적 모양은 자세하게 드러나지만 전체 규모를 알 수 없고, 멀리서 찍자니 평범한 사진이 되고 만다. 참, 신현준, 김수미, 임하룡이 열연한 2006년 작 "맨발의 기봉이"의 촬영장이 이곳 다랭이마을이었다.

 지족해협 죽방렴

2004. 10. / CANON 300D

죽방렴 어업이란, 물이 흘러오는 방향으로 V자형 대나무 발의 넓은 쪽이 펼쳐지고 좁은 통로를 따라 둥근 임통不通 속으로 물고기들이 몰리면, 썰물 때 그곳에 남아 있는 물고기를 퍼 올리는 원시적인 어업법이다. 간만의 차는 크고 물살이 세며, 수심이 얕은 개펄에 죽방렴을 설치하는데, 초창기에는 참나무 기둥을 개펄에 박고 그 사이를 대나무로 그물을 엮었지만, 요즘은 철재 빔을 이용해 반영구적인 시설이 되었다. 죽방렴은 삼천포와 창선 사이에도 일부 있지만 가장 많이 설치된 곳은 남해도와 창선도 사이의 지족해협으로 현재 23군데나 된다.

죽방렴에서는 하루에 한두 차례 물고기를 건지는데, 주 대상 어종은 멸치지만 이곳을 지나는 다양한 어종들이 함께 잡힌다. 물살이 센 곳이라 횟감 고기들의 육질이 단단하여 미식가들이 즐겨 찾으며, 특히 멸치는 비늘이 벗겨지지 않고 오랫동안 살아 있을 정도로 싱싱해서 회로도 먹는데, 말린 것은 죽방멸치라고 해서 아주 높은 값에 거래된다. 그래서 강남의 젊은 엄마들은 유아식에 죽방멸치만을 갈아 먹인다나 뭐라나. 지족해협에는 죽방렴을 가까이에서 볼 수 있도록 체험장이 마련되어 있다. 이곳 남해 지족해협 죽방렴은 대한민국 명승 제71호로 지정되어 있다.

097. 고성 삼각주

1994. 10. / NIKON F3

이곳은 고성군과 통영시의 경계에 있는 벽방산630m의 동쪽 사면으로, 행정구역으로는 통영시 광도면 안정리에 속한다. 바다로 유입하는 하천은 벽방산에서 발원한 물이 안정저수지를 거쳐 내려오는데, 지형도에도 하천명이 없을 정도로 작은 하천이다. 하지만 하천 하구에는 전형적인 형태의 삼각주가 형성되어 있다. 이 책에 실린 100장의 사진 중에서 헬리콥터를 타고 찍은 유일한 사진이라 재현이 불가능하며, 더군다나 이곳에 2000년대 초 안정국가산업단지가 완공됨으로써 더 이상 이러한 경관은 볼 수 없게 되었다. 아쉽다. 너무 아쉽다.

사진을 찍기 위해 늘 높은 곳을 꿈꿔 왔는데, 나에게 그런 기회가 찾아온 것이다. 우연히 참여한 용역 사업의 마지막 작업이 헬기를 타고 경상남도의 해안을 무려 4시간이나 둘러보는 것이었다. 동료 연구원들의 배려로 헬기에서 상석인 조종사 옆자리를 배정받았다. 가지고 있던 니콘 F3는 파인더가 분리되고 셔터도 렌즈 옆에 달려 있다. 양팔로 잡은 사진기를 창밖으로 내밀고 간유리에 비친 영상을 보면서, 거리 무한대, 노출 최대, 타임 최저로 무려 6통의 슬라이드를 마구 찍었다. 요즘은 어떤지 모르겠으나 당시 공중에서 찍은 사진은 모두 검열을 받아야 했다. 그 결과 많은 슬라이드를 돌려받지 못했지만, 돌아온 것 중의 하나가 바로 이 사진이다.

098. 중화마을 가두리 양식장

2001. 11. / MAMIYA 7II

중화마을이 있는 미륵도는 원래 통영과 육계사주로 이어진 육계도였다고 한다. 1932년 이곳에 있던 육계도를 없애면서, 길이 1,420m, 너비 55m, 수심 3m의 운하를 만들었다. 통영의 중요 관광지 중의 하나인 충무해저터널도 이때, 이렇게 만들어진 것이다. 육계도가 사라지고 새로이 만들어진 수로는 여수–부산 간 내항로의 요지로서 선박의 내왕이 지금도 잦다. 만약 이곳에 운하가 없다면 통영으로 들어온 선박이 여수 방면으로 가자면 미륵도를 돌아가야 하는데, 이곳은 외해라 폭풍우가 오면 파도가 만만치 않다. 최근 미륵산 정상으로 가는 케이블카가 생기면서 통영 관광은 또 한 번의 전기를 맞고 있다.

미륵도를 일주하는 산양일주도로는 경치가 좋기로 유명하다. 특히 '달아공원에서 바라본 석양'은 통영8경의 하나이다. 산양일주도로를 타고 가다보면 미륵도 남서쪽에 중화마을을 지닌다. 중화마을은 특별한 마을이 아니다. 서쪽으로 열려 있는 원형의 만은 삼덕리 헤드랜드와 곤리도, 소장군도, 쑥섬으로 둘러싸여 마치 호수를 연상케 한다. 만 전체를 가두리 양식장이 덮을 정도인데, 그것이 그것 같아 보이지만 사료 창고, 가두리 양식장, 작업용 소형 바지선, 그 사이를 오가는 소형어선 등 다양하다. 사진은 오후 늦게 찍었으며, 멀리 보이는 곳은 남해도이다.

099. 봉암 육계도

2010. 9. / CANON 5D MARK II

통영에서 배를 타고 10여 분을 가면 한산도에 도착한다. 한산도에 도착하면 제승당을 둘러보고는 곧장 육지로 돌아간다. 별다른 이벤트가 없기 때문이다. 하지만 최근 섬 산행이 늘어나면서 한산도 남쪽에 우뚝 솟은 망산294m을 찾는 등산객이 많아졌고, 등산로도 잘 정비되어 있다. 망산 정상에 오르면 휴월정이라는 정자가 있는데, 한려해상국립공원의 전경이 눈앞에 펼쳐진다. 그중에서 눈에 띄는 것이 있다면 바로 추봉도 봉암해수욕장이다. 봉암해수욕장은 약 1km 길이의 자갈해빈인데, 이 자갈로 된 사취가 작은 섬을 연결해 육계도의 형태를 띠고 있다.

최근 한산도와 추봉도 사이에 연도교가 개통되었다. 한산도로 가는 배는 자동차를 실을 수 있는 도선이기 때문에, 이제 한산도를 거쳐 추봉도까지 쉽게 갈 수 있다. 사진에서 숲으로 덮인 곳이 과거 섬이었고, 자갈해빈이 이 섬과 본섬을 이어 준다. 섬과 섬을 잇는 다리라는 의미의 연도교라는 말이 있으니 섬과 섬을 이은 사주라는 의미에서 '연도사주' 라고 부르는 것은 어떨까? 연도사주의 남쪽은 외해로 열려 있어 파랑의 에너지가 강하기 때문에 자갈이 쌓이고, 그 반대편에는 모래가 쌓였다. 자갈로 된 해빈을 따라 방호벽을 쌓고는 그 뒤에 취락이 입지해 있다. 멀리 보이는 섬이 용초도이다.

이곳을 설명할 때, 강동해안의 화암마을이라 한다. 이때 강동은 울주군 강동면에서 유래한 것이다. 1997년 울산시가 울산광역시로 승격하면서 울주구가 울주군으로 바뀌고, 이때 울주구에 속하던 농소읍과 강동면이 북구에 소속되었다. 따라서 현재 지명에서 강동은 울주군이나 울산광역시에는 없고, 다만 경주시에 다른 강동면이 있다. 이곳 화암마을 해변에는 용암에서 흔히 볼 수 있는 주상절리가 나타난다. 흔히 주상절리라 하면 제주도, 울릉도, 철원 용암대지를 떠올리지만, 동해안을 따라서 이곳 화암마을 이외에 경주 읍천읍 해안, 포항 달전리 등에서도 나타난다.

주상절리는 현무암, 안산암, 유문암과 같은 화산암류가 지표 가까이에서 갑자기 식을 때 나타나는 냉각절리로서 대개 지표면에서 육각형에서 삼각형까지 다양한 모양을 이루면서 수직으로 짜개져 기둥 모양으로 나타난다. 따라서 주상절리란 이 기둥 모양에서 연유한 이름이다. 이곳 주상절리는 신생대 제3기약 2000만 년 전에 분출한 현무암질 용암이 냉각되면서 생성된 것이다. 수평 또는 수직방향으로 세워진 목재더미를 연상케 하는데, 길이는 수십미터이고 주상체 횡단면의 대각선 길이는 50cm 정도이다. 소나무가 서 있는 해빈 끝 암괴에도 주상절리가 나타난다.